Dernières nouvelles de Mars

Francis Rocard

Dernières nouvelles de Mars

Flammarion

Infographies : Thomas Haessig

ISBN : 978-2-0814-5145-2

Introduction

De tous les films de science-fiction traitant d'une mission habitée sur Mars, et ils sont nombreux, *Seul sur Mars* est certainement celui qui est le plus proche d'un scénario plausible. Et pourtant, les erreurs et les exagérations ne manquent pas, la plus choquante étant l'effet mécanique des tempêtes de poussière sur Mars. Alors que ces tempêtes sont réelles et parfois globales, leurs effets seraient peu perceptibles pour un astronaute en scaphandre : il sentirait à peine la pression du vent. En revanche, l'obscurcissement de l'atmosphère serait bien réel, ce qui mettrait la base en déficit d'énergie si elle était alimentée par des panneaux solaires.

La problématique la plus intéressante du film est le fait que le séjour possible est soit de quelques semaines, soit d'un an et demi sans alternative intermédiaire. Nous le verrons plus loin, cette caractéristique des vols sur Mars est une réalité incontournable et un obstacle certain à leur réalisation. Un autre aspect du film est que le sauvetage de Mark Watney, alias Matt Damon, nécessite la participation d'un vaisseau… chinois. Or, aujourd'hui, les nations les plus en pointe sont – dans cet ordre – les États-Unis et la Chine. Une coopération entre ces deux États faciliterait sûrement le programme, même si, actuellement et depuis des décennies, elle est politiquement inenvisageable.

Envoyer un équipage sur la planète rouge est l'*horizon goal* de la politique spatiale américaine dans le domaine de l'exploration habitée. La formulation utilisée signifie que Mars est la priorité à long terme, mais qu'au-delà de l'horizon, il est illusoire car trop lointain d'imaginer ce qui pourrait être envisagé pour l'envoi d'hommes vers une autre destination.

Un point stabilise toutefois ce programme : l'objectif est partagé par la NASA, le Congrès et la Maison Blanche. Aucune de ces entités n'a osé annoncer l'abandon de cette ambition. À chaque revirement – et on l'a vu quand Barack Obama a arrêté en 2010 le programme *Constellation* d'exploration de la Lune, prévu pour 2020 –, on s'est bien gardé de tirer un trait sur l'idée de l'homme sur Mars[I]. D'ailleurs, la décision d'Obama a été suivie deux mois plus tard de la confirmation des programmes de développement du lanceur SLS (*Space Launch System*, la *Saturn V* du XXIe siècle) et de la capsule habitée *Orion*. Le but était clair : se doter d'une possibilité de missions habitées au-delà de l'orbite basse et conserver une perspective au programme habité américain, une nécessité vitale.

Si l'idée que l'homme ira un jour sur la planète rouge semble acquise, la question du comment est encore très floue. C'est l'une des motivations de cet ouvrage. Après avoir fait le point sur les découvertes scientifiques réalisées récemment nous nous attacherons aux justifications de ce programme hors norme, qui ne sont en aucun cas limitées à la recherche de la vie.

Nous présenterons de plus les différentes missions possibles vers et sur Mars. Elles créent en effet une certaine confusion dans les esprits, notamment par leur calendrier : les dates proposées s'étalent sur plus de deux décennies ! Ces propositions correspondent à des degrés de complexification croissante et constituent par là même des validations en vol des différents systèmes nécessaires à la mission ultime et la plus complexe : faire séjourner un équipage plus d'un an sur Mars. Nous analyserons en outre dans quels domaines se situent les difficultés majeures – et innombrables – pour la mise en œuvre du programme. Nous verrons qu'il est impératif, à l'opposé du programme *Apollo* où tout a été mené de front, d'envisager celui-ci à travers une succession d'étapes, ou *pathways*, toutes plus stratégiques les unes que les autres. La première est aujourd'hui décidée – ce sera une station spatiale en orbite lunaire –, chaque étape se concrétisant sur une durée voisine de la décennie. Enfin, nous tenterons de chiffrer le programme et de préciser son calendrier prévisionnel pour sa réalisation. Certains pensent que l'entreprise est impossible. Pourtant, l'impossible est aujourd'hui en préparation.

Chapitre premier

La vie sur Mars : quoi de neuf ?

Moins d'un siècle après la première utilisation par Galilée d'une lunette grossissante pour observer les astres, les observations de Mars permettent en 1666 à Giovanni Cassini de découvrir la calotte polaire Sud, la plus aisément visible. Dès cette époque, la présence d'eau est considérée comme acquise, car cette glace au pôle ne pouvait être que de l'eau gelée[I].

Le malheur de Mars

Premières observations

Alors que la Lune est sans aucun doute désespérément vide de vie en l'absence d'atmosphère et que Vénus ne laisse rien apparaître comme relief particulier, Mars, dès le XVIIe siècle, semble prometteuse du point de vue de l'habitabilité. Néanmoins, en 1686, Fontenelle publie ses *Entretiens sur la pluralité des mondes*, dans lesquels Mars, ainsi que d'autres mondes, pouvaient être habités. Le livre est un best-seller, réédité trente-trois fois. Si nous nous sommes de tout temps interrogés sur la possibilité d'une vie ailleurs que sur Terre, il n'en reste pas moins que, très tôt, Mars est devenue la plus attractive.

Toutefois, ces premières observations révèlent également que Mars est de petite taille : son diamètre est près de deux fois inférieur à celui de la Terre, son volume presque sept fois plus faible. La dimension réduite de Mars a longtemps été un mystère. En effet, le modèle standard de formation des planètes telluriques prédit que ces dernières se sont constituées par accrétion de petits grains solides situés sur leur orbite. Si l'on suppose, ce qui semble raisonnable, que le disque d'accrétion autour du Soleil était homogène au moins jusqu'à l'orbite de Mars, la quantité de matière est alors à peu près proportionnelle à la circonférence de l'orbite de la planète. Ainsi, Mars aurait dû être plus volumineuse que la Terre. Cette hypothèse est d'ailleurs vérifiée pour Mercure, dont le volume est dix-huit fois plus faible que celui de la Terre.

Une explication a été proposée en 2011 avec le modèle dit du *grand tack* d'Alessandro Morbidelli, de l'Observatoire de la Côte d'Azur : dès leur formation, Jupiter d'abord puis Saturne à son tour auraient migré vers le Soleil à cause de leur friction sur le gaz résiduel qui les fait spiraler vers l'intérieur. Ce phénomène est très courant autour d'autres étoiles, puisqu'on observe un grand nombre de planètes géantes très près de leur étoile sur des orbites où elles n'ont pas pu se former. En s'approchant du Soleil, leur orbite respective se serait alors stabilisée par un phénomène de résonance : Jupiter faisant trois tours autour du Soleil quand Saturne en faisait deux. Celle-ci a d'abord arrêté leur migration, provoquant ensuite celle du couple vers l'extérieur (*grand tack* signifie « grand virement de bord »). Ce mécanisme est efficace car Saturne est suffisamment massive : 1/3 de la masse de Jupiter. L'aller-retour s'est produit en moins d'un million d'années, une durée très brève en comparaison des 20 à 30 millions d'années nécessaires pour former la Terre. Dans d'autres systèmes stellaires où la deuxième géante est absente, la géante est devenue un « Jupiter chaud » que l'on observe très près de son étoile.

Toujours est-il que l'excursion temporaire de Jupiter dans le Système solaire interne a vidé la cavité par interaction gravitationnelle, jusqu'à une distance d'environ 1 unité astronomique (UA), soit la distance Terre-Soleil. Par conséquent, la quantité de matériau pouvant être accrétée par la planète Mars qui va alors se former est fortement réduite, si bien que celle-ci n'a jamais pu grossir autant que la Terre et Vénus.

LE MODÈLE DU *GRAND TACK*

Ce modèle explique la faible quantité de petits corps dans la ceinture principale d'astéroïdes, qui aurait perdu 99 % de sa masse[2], doublée de la distribution particulière des objets la constituant. Ceux-ci sont en effet d'excentricité (la grandeur qui mesure l'écart de l'orbite par rapport au cercle) modérée dans la ceinture principale, avec une fraction hydratée plutôt sur l'extérieur, alors qu'initialement, leur excentricité devait être pratiquement nulle (et leur orbite circulaire, donc)[3]. Le modèle prédit également l'existence de plusieurs populations d'astéroïdes à forte excentricité, dont l'orbite a été fortement perturbée par les interactions avec Jupiter. Il prévoit aussi la présence des troyens aux points de Lagrange[4] L4 et L5 de Jupiter, dont l'existence est attribuée à la capture par Jupiter d'objets se mouvant sur des orbites elliptiques et se retrouvant piégés dans ces puits de potentiel gravitationnel.

La petite taille de Mars a eu un effet majeur sur son évolution. Comme pour tous les petits corps sphériques (planètes telluriques et planètes naines), la présence de matière radioactive accumulée dans leur intérieur lors de la phase de formation a libéré suffisamment de chaleur pour provoquer la fonte du matériau interne. L'intérieur étant fondu, cela a abouti à leur forme sphérique sous l'action de leur gravité et à la libération par dégazage des gaz volatils qui ont constitué une atmosphère primitive riche en dioxyde de carbone et en eau, deux gaz à effet de serre.

Les corps les plus petits comme les astéroïdes, la Lune et Mercure, ont rapidement perdu cette atmosphère faute d'une gravité suffisante et d'un champ magnétique pour les conserver. Mars, de taille intermédiaire entre la Lune et la Terre, a pu la maintenir pendant près de 500 millions d'années, permettant à l'eau sous sa forme liquide d'exister en surface à cette époque.

La chaleur libérée par un corps planétaire étant proportionnelle au volume ($4/3\ \pi r^3$) et cette chaleur rayonnant par la surface ($4\pi r^2$), le rapport de ces deux quantités montre que plus un tel corps est volumineux, plus il mettra de temps à se refroidir. Inversement, les petits corps se sont rapidement refroidis sans pratiquement avoir conservé d'atmosphère.

Il y a 3,9 à 4 milliards d'années, Mars a ainsi connu un changement climatique global. Son intérieur s'est refroidi, provoquant l'arrêt des mouvements de convexion dans le noyau supérieur et l'extinction du champ magnétique dipolaire global. Ce champ magnétique disparaissant, l'atmosphère s'est retrouvée en contact direct avec les ions du vent solaire qui, par des mécanismes d'interactions multiples, ont provoqué l'échappement lent et inexorable de l'atmosphère dans le milieu interplanétaire.

Or la perte progressive de l'atmosphère a diminué l'effet de serre, ce qui a abaissé la température en augmentant la condensation des gaz. C'est par ce mécanisme qu'on aboutit à l'atmosphère actuelle, dont la pression à la surface est de moins de 1/100e de la pression terrestre, avec un effet de serre pratiquement inexistant.

Retenons qu'il y a 3,5 milliards d'années environ, Mars est devenue progressivement le désert glacé que nous connaissons aujourd'hui, avec une température à l'équateur qui varie d'approximativement 0 °C le jour à –100 °C à –90 °C la nuit, et une pression faible qui ne permet pas

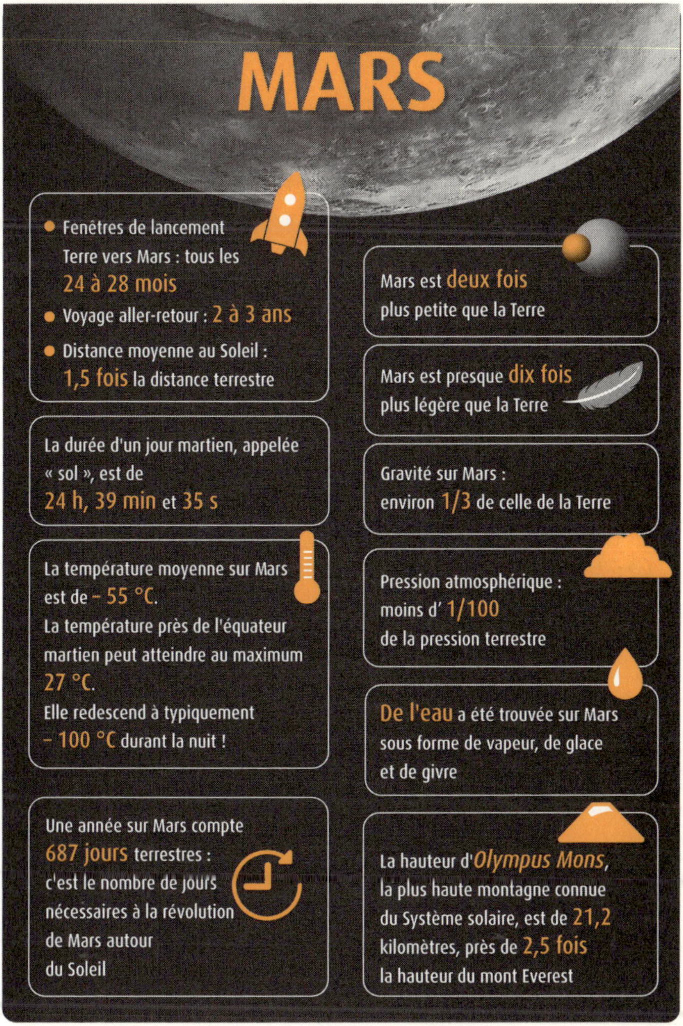

1. Carte d'identité de Mars.

à l'eau liquide d'être thermodynamiquement stable, passant directement de l'état solide à l'état gazeux.

Néanmoins, nous allons voir que l'eau liquide a joué un rôle important dans l'histoire de cette planète, même si sa durée d'existence est discutée.

Une histoire d'eau

Les manifestations dues au ruissellement de l'eau à la surface de Mars ont provoqué de l'érosion, qui se traduit par deux types de morphologies clairement visibles depuis l'orbite : les vallées ramifiées (*Valley Network*) et les vallées de débâcle (*Outflow Channel*). Ces traces ont été détectées par la sonde *Mariner 9* en 1972, le premier satellite à se mettre en orbite autour de la planète.

Les premières vallées sont plus anciennes que les secondes et auraient été façonnées lors de longs épisodes d'écoulement, au début de l'histoire de Mars. Les secondes présentent une morphologie très différente et seraient associées à des écoulements brutaux, sur de courtes périodes de temps.

Les vallées ramifiées

Les vallées ramifiées sont apparues très tôt dans l'histoire de Mars, au début de l'époque noachienne, soit vers 4,1 milliards d'années. Elles se situent exclusivement sur les hauts plateaux cratérisés très anciens. Ces vallées ressemblent à nos fleuves terrestres, mais leur structure est moins complexe, du fait de leur faible nombre de ramifications. Le lit de la vallée a une forme en « U » très prononcée. En général, leur longueur ne dépasse pas 200 km pour quelques kilomètres de large. Certaines se développent toutefois sur plusieurs centaines de kilomètres de long et quelques dizaines de kilomètres de large.

Les vallées ramifiées sont pour la plupart plus petites que les vallées de débâcle et correspondent à des débits inférieurs. Elles peuvent avoir été formées par de l'eau courante, qui proviendrait soit de précipitations, soit d'eau libérée du sous-sol. Mais l'absence de branches de petite taille suggère une origine liée à l'eau souterraine, plutôt qu'à du ruissellement d'eau de pluie. L'un des exemples les plus significatifs de vallée ramifiée est *Nanedi Vallis* : sa structure est tout à fait similaire à un fleuve terrestre ayant coulé durant des siècles ou des millénaires.

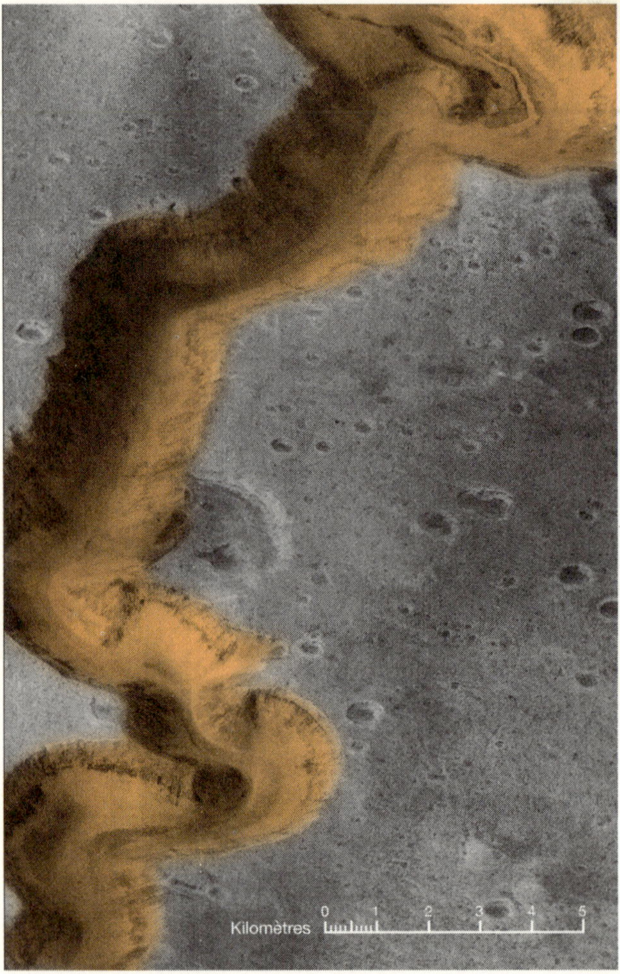

2. *Nanedi Vallis* appartient à un réseau de vallées ramifiées qui coupent les plaines cratérisées de la région équatoriale. Le canyon, qui mesure 2,5 km de large, évoque une structure creusée par un fleuve sur Terre.

... et de débâcle

Les vallées de débâcle se développent plus tard, au cours de l'Hespérien, soit entre 3 et 3,7 milliards d'années, c'est-à-dire pendant la période de transition où Mars se refroidit progressivement. Ce sont des vallées peu sinueuses, larges de 10 à 100 km, et parfois longues de plus de 2 000 km ! Ces dimensions reflètent les débits tout à fait considérables qui étaient à l'œuvre dans ces régions.

Les régions sources sont liées à des manifestations tectoniques (cratères d'impact effondrés, grandes dépressions, failles). Certaines, situées dans les régions d'*Elysium* ou d'*Hellas*, sont corrélées à du volcanisme. Leur origine est liée à la fonte de la glace dans le sous-sol, à une époque où la cryosphère (cf. *infra*) était déjà épaisse, créant un effondrement de terrain et libérant brutalement une énorme quantité d'eau sous pression. Les débits estimés allaient de 0,01 à 1 km^3/s, soit des valeurs au moins cent fois supérieures aux phénomènes terrestres analogues. La durée de ces écoulements aurait été de l'ordre de quelques jours à quelques semaines au plus.

Michael Carr, de l'*US Geological Survey*, a estimé à 4 millions de km^3 – soit l'équivalent d'un cube de 160 km de côté – le volume de matériau érodé par les vallées de débâcle qui aboutissent dans la plaine *Chryse Planitia*. Moyennant certaines hypothèses, il en découle une épaisseur moyenne d'eau de 40 m répartie sur toute la surface de Mars, à comparer à l'épaisseur d'eau des océans, qui atteint 3 km en moyenne sur Terre.

Étrange cryosphère

La cryosphère sur Mars se définit comme la couche du sous-sol riche en eau gelée. La présence de glace d'eau dans le sous-sol de Mars a été proposée pour interpréter les images des orbiteurs *Viking* des années 1970 : elle démontrait en effet que l'eau qui avait coulé en surface (vallées ramifiées et de débâcle) provenait des profondeurs.

Une autre manifestation de cette glace souterraine résulte de la présence d'éjectas fluidisés (cf. figure 3) autour de certains grands cratères. Lors de l'impact d'un astéroïde, l'énergie cinétique se transforme en chaleur, faisant fondre instantanément la glace présente dans le sol. Les éjectas fluidisés ou boueux retombent ensuite autour du cratère et forment ces contours caractéristiques que l'on ne retrouve que sur Mars (et également sur Ganymède, satellite de glace de Jupiter).

3. Ce cratère de 20 km de diamètre a été photographié dans *Hephaestus Fossae*, sur le flanc ouest du volcan *Elysium Mons.* Ses éjectas fluidisés marquent la présence de la glace souterraine.

Les travaux de François Costard, du laboratoire GEOPS d'Orsay, sur l'étude systématique de la présence de ces éjectas en fonction de la taille du cratère, mais aussi de leur latitude, démontrent que le toit du pergélisol (le mélange d'eau gelée et de roches) se situe entre 150 et 300 m de profondeur à l'équateur et entre 60 et 150 m vers les moyennes et hautes latitudes, tout en restant affleurant aux pôles. Quant à l'épaisseur maximale de ce pergélisol, elle a été estimée à 450 m au niveau de la région *Acidalia Planitia*.

Deltas et lacs

La présence d'eau liquide dans un lointain passé est un argument fort en faveur de la possibilité qu'une vie soit apparue à cette époque. Néanmoins, un objectif important – et aujourd'hui central – est de quantifier la durée pendant laquelle cette eau est restée liquide. Nous l'avons rappelé, une vallée de débâcle est un événement qui met certes en jeu une grande quantité d'eau, mais sa durée est de l'ordre de la semaine. Les vallées ramifiées, ou fleuves, nous donnent des durées de quelques siècles à quelques millénaires – difficile d'aller au-delà.

Par ailleurs, le devenir de l'eau en aval de ces écoulements fait l'objet de nombreuses recherches depuis des décennies. En effet, dès que l'eau a cessé d'éroder le relief, on perd rapidement sa trace. Toutefois, plusieurs sites morphologiques en forme de delta ont été observés sur Mars à l'embouchure d'une vallée. Deltas qui sont autant de preuves qu'un lac a existé en aval de l'embouchure de la vallée. Or ces lacs sont des lieux privilégiés pour chercher des molécules organiques et des traces de vie anciennes. D'ailleurs, le site choisi pour la mission *Mars 2020* de la NASA qui doit se poser au printemps 2021 est le cratère *Jezero*, où un delta est présent (cf. figure 5, p. 42). Grâce à ces deltas et notamment à leur volume de sédimentation, il devrait être possible de quantifier la durée d'écoulement de la vallée.

Au début du XXIe siècle, des instruments de spectro-imagerie dans l'infrarouge ont permis de mesurer pour la première fois la nature minéralogique de la surface. Hormis l'existence de poussières qui la recouvrent et la masquent en de nombreux endroits, ces observations ont suggéré que l'essentiel de la surface (au moins 95 %) est constitué de roches volcaniques anciennes n'ayant pas connu d'altération aqueuse. Les quelques pourcents restants sont couverts de roches sédimentaires hydratées, identifiées tout d'abord

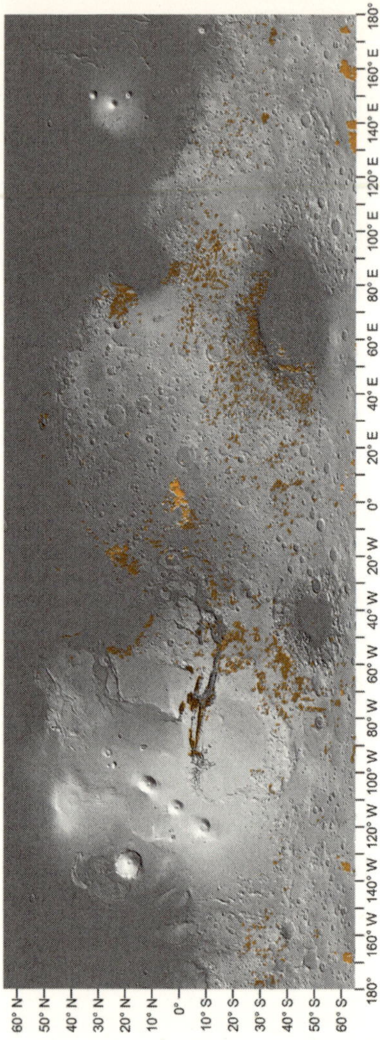

4. Établie en 2020, cette carte montre les sites où des minéraux hydratés – phylosilicates, argiles, sulfates hydratés, sels polyhydratés, carbonates – ont été repérés. Au total, 100 000 sites sont identifiés, représentant en cumulé seulement 1 % de la surface totale de Mars.

par *Mars Express* puis par *Mars Reconnaissance Orbiter*, dont la résolution spatiale est plus performante : des argiles hydratées, localisées sur des surfaces anciennes datées de plus de 4 milliards d'années, ainsi que des sulfates hydratés datant de 3,1 à 3,9 milliards d'années. Au total, plus de 100 000 régions sédimentaires ont ainsi été repérées. Ces minéraux sédimentaires sont le résultat d'une altération par l'eau liquide des roches volcaniques primordiales. En un mot comme en cent, ce sont des indicateurs de la présence d'eau sur de longues durées.

En quête de sédiments

La présence de ces roches sédimentaires a des conséquences importantes sur l'histoire de l'eau au cours des époques : des périodes chaudes et humides ont existé dans un lointain passé, périodes durant lesquelles l'altération de l'eau a fait son œuvre. Quelles ont été les durées de ces périodes humides ? Ces roches se sont-elles formées en surface ou en profondeur ? De nombreuses études cherchent à donner des éléments de réponse à ces questions.

Aujourd'hui, les engins œuvrant sur le sol de Mars, dont l'objectif est de rechercher des traces de vie anciennes, se sont posés sur des sites argileux, car ce sont les lieux les plus prometteurs pour découvrir ces preuves.

Curiosity s'est ainsi posé dans le cratère *Gale* en août 2012 et a roulé pendant plus de sept ans, afin d'atteindre, début 2019, une strate d'argile, identifiée depuis l'orbite, sur le flanc de la montagne située au centre du cratère. Un long périple, justifié par l'impossibilité de faire atterrir *Curiosity* directement sur les argiles, le terrain étant trop accidenté. Des prélèvements ont depuis eu lieu, et les échantillons ont été analysés par le spectromètre de masse SAM. Ces mesures sont longues et nécessitent des analyses avec des analogues en laboratoire, si bien que les résultats ne sont pas encore publiés.

Par ailleurs, les modélisations de l'atmosphère primitive de Mars mettent en évidence une difficulté : il semble compliqué de maintenir en permanence une atmosphère suffisamment dense et chaude compatible avec la présence d'eau en phase liquide. Seules des périodes transitoires chaudes et humides de quelques dizaines de milliers d'années seraient envisageables, notamment lors de l'impact de gros astéroïdes (supérieurs à 10 km de diamètre). Il en résulte alors une augmentation de la température de Mars, en transformant une partie de l'énergie cinétique de l'objet en chaleur qui diffuse dans le sol et rayonne dans l'atmosphère.

L'eau sur Mars : quel bilan ?

Ce bilan ne saurait être qu'approximatif, tant l'eau enfouie dans le sous-sol est difficile à quantifier. Ce qui est sûr, c'est que Mars possédait de grandes quantités d'eau dans le passé. Où est-elle passée ? Une partie a disparu en s'échappant dans le milieu interplanétaire, une autre partie s'est enfouie dans le sous-sol, une autre s'est condensée de façon permanente aux pôles et une petite partie se retrouve aujourd'hui sous forme de glaciers locaux, recouverts d'une couche de poussière protectrice. Enfin, une dernière partie correspond à de l'eau de constitution des roches sédimentaires, argiles, sulfates, etc.

Quant à son importance, les tentatives partielles de quantification globale de l'eau aujourd'hui donnent un volume équivalant, réparti sur la totalité de la surface, à quelques dizaines, voire quelques centaines de mètres d'eau. Ces estimations sont relativement faibles par rapport aux 3 km d'eau liquide sur Terre. Mais elles sont incomplètes : par exemple, la quantification de l'eau dans le sol est aujourd'hui largement inconnue.

En 1976, deux atterrisseurs *Viking* se sont posés sur Mars afin de rechercher une activité biologique actuelle en surface. Le bilan de cette recherche a été négatif, et Mars fut considérée comme stérile en surface, ce pour trois raisons : l'absence d'eau liquide, l'absence de couche d'ozone, protectrice des rayons ultraviolets solaires stérilisants, et la nature très oxydante du sol martien, jugé inhabitable pour des bactéries[5].

On s'en doute, ce résultat a provoqué un certain traumatisme... Il explique pourquoi Mars a été abandonnée pendant deux décennies. Depuis, la stratégie a été révisée : il s'agit maintenant de rechercher des traces de vie ancienne (et morte) en procédant méthodiquement selon trois étapes : *Follow the water, follow the carbon & follow the life* (« Suivre l'eau, le carbone et la vie »). À ce jour, la première étape est quasiment achevée, et l'effort porte, avec *Curiosity*, sur la deuxième. Quant à la troisième, elle se concrétisera par le retour d'échantillons de Mars d'ici une décennie.

La recherche de la vie vivante n'est pas totalement abandonnée pour autant, mais celle-ci requiert des moyens considérables, comme de forer à plusieurs centaines de mètres de profondeur, ce qui n'est pas envisagé avant plusieurs décennies. Une recherche indirecte est toutefois menée, à travers la détection du méthane. Une hypothèse est qu'il pourrait en effet provenir de bactéries méthanogènes situées en grande profondeur, mais ce n'est pas la seule explication.

La signature du méthane

Le méthane est un puissant gaz à effet de serre, d'où son importance sur Terre. Sur Mars, son intérêt est autre. En l'absence de couche d'ozone protectrice, le CH_4 est détruit continûment par les rayonnements ultraviolets du Soleil. Sa durée de vie n'est que de trois siècles dans l'atmosphère. Donc, si sa présence est avérée, c'est qu'il est apparu dans l'atmosphère récemment. Or les sources possibles de méthane martien sont bien identifiées.

Le méthane pourrait provenir de l'impact d'une comète (mais on en trouverait des traces), voire de réactions chimiques entre le dioxyde de carbone et de l'eau à haute température (300 à 400 °C). Cette seconde origine prouverait qu'il existe des zones chaudes dans le sous-sol, au voisinage de volcans endormis et pas totalement refroidis. À une certaine distance, le sous-sol est susceptible de se retrouver à une température telle que l'eau demeure liquide. Des bactéries pourraient alors vivre dans ces niches écologiques.

Il existe une autre origine, certainement la moins intéressante vis-à-vis de la vie sur Mars : le méthane aurait été synthétisé il y a très longtemps, pendant des périodes chaudes et humides, puis aurait été séquestré dans le sol sous forme de clathrates. Appelés également hydrates de méthane, ce sont des cages de molécules d'eau à l'intérieur desquelles se trouve une molécule de méthane. Ce ne sont pas seulement des objets exotiques d'études de laboratoire, puisqu'ils existent naturellement sous le fond des mers (dans les sédiments par exemple) et bouchent parfois des tuyaux de gazoduc, notamment sous-marin. Sur Mars, occasionnellement, du méthane pourrait être libéré dans l'atmosphère via les clathrates, par effet thermique ou tectonique.

Enfin, l'hypothèse la plus excitante serait que ce gaz proviendrait de bactéries méthanogènes[6], qui le produisent biologiquement. À condition qu'elles existent, ces bactéries doivent se situer dans le sous-sol pour deux raisons : l'absence de radiations et la présence d'eau liquide. Or, si de la glace existe dans le sous-sol jusqu'à 2 km, voire 3 km de profondeur à l'équateur, celle-ci devient naturellement liquide…

Il faut préciser que l'hypothèse de l'existence d'une nappe phréatique profonde sur Mars est déjà ancienne. Le radar MARSIS qui équipait la sonde *Mars Express* lancée en 2003 visait précisément à la détecter. Les ondes radars pénètrent facilement dans la glace pure, mais se réfléchissent sur l'eau liquide comme sur un miroir. MARSIS a cherché cet écho profond pendant plus de quinze ans, sans succès… Jusqu'à l'été 2018, où une équipe italienne a annoncé avoir détecté un lac sous-terrain à 1,5 km de profondeur près du pôle Sud !

Toutefois, pour être liquide à cette profondeur, le lac doit être extrêmement salé et le milieu s'apparenter davantage à de la saumure qu'à une nappe phréatique. Est-il habitable ? La question a été longuement débattue. Certes, le milieu est hostile, mais les sels de perchlorate pourraient servir d'accepteur d'électrons, en remplacement de l'oxygène, de sorte qu'une activité biologique ralentie[7] serait possible.

On comprend pourquoi la détection du méthane suscite toutes les convoitises : c'est l'un des rares procédés pour détecter une activité biologique contemporaine. Même si la méthode est indirecte et nécessite une analyse systématique des émanations de méthane, à la fois spatialement et temporellement (que ce soit sous l'effet du cycle diurne ou des saisons), avec des données globales et sur plusieurs cycles annuels, on pourrait tenter de distinguer une origine biologique d'une origine chimique du gaz.

Une vie actuelle ?

À ce jour, de nombreuses détections ponctuelles de méthane ont été annoncées. Précisons d'emblée qu'elles sont (toutes) controversées et ne font pas l'objet d'un consensus, tant la mesure est difficile et pourrait être entachée d'artefacts. La plus récente est néanmoins la plus intrigante. Elle a été obtenue par l'instrument SAM de *Curiosity* et a été publiée à l'été 2018.

SAM a analysé la composition de l'atmosphère sur deux années et a trouvé un faible signal permanent de méthane, à hauteur de quelques molécules de CH_4 pour 10 milliards de molécules d'atmosphère. Le plus surprenant est que ce signal varie d'un facteur 3 selon les saisons martiennes, avec un maximum à la fin de l'été local. Par rapport aux mesures précédentes ponctuelles, l'origine du méthane proposée devra être compatible avec cette variation saisonnière, à condition que celle-ci fasse consensus.

Difficile d'aller plus loin à ce stade, et on attend beaucoup de l'orbiteur européen TGO (*Trace Gas Orbiter*) qui, comme son nom l'indique, est dédié à cet objectif. Il vise à cartographier globalement depuis l'orbite, avec une sensibilité inégalée, le méthane et d'autres gaz à l'état de traces résultant d'interactions surface-atmosphère.

Aujourd'hui, seule l'origine possible du méthane et la présence d'eau liquide en grande profondeur, dont la détection nécessite un forage kilométrique, permettent d'aborder la question d'une vie actuelle sur Mars. Les instruments à bord de TGO pèsent de l'ordre de 20 kg, tandis qu'un derrick sur Mars pèserait des dizaines de tonnes. Voilà pourquoi un forage profond n'a pas encore été réalisé. Celui-ci serait une activité très utile pour un équipage lors d'un long séjour martien.

Quid du carbone ?

La recherche du carbone non oxydé (l'atmosphère étant constituée de 95 % de CO_2, carbone totalement oxydé[8]) sur Mars est une nouvelle étape, assez récente. Le but est de trouver soit des molécules organiques prébiotiques, démontrant que les processus de synthèse vers la chimie du vivant se sont mis en œuvre, soit des molécules issues du vivant et dont la signature (cf. p. 38) permet de les distinguer d'une origine minérale. Or seul *Curiosity* a les capacités d'analyser des molécules organiques contenues dans le sol ou des roches de Mars.

À ce jour, la foreuse du rover a prélevé une vingtaine d'échantillons, dont plus d'une dizaine ont été analysés par SAM, soit avec le spectromètre de masse, soit en chromatographie en phase gazeuse[9], soit par les deux méthodes. Résultat ? Des dizaines de molécules organiques linéaires et cycliques ont été détectées en quelques années… Les molécules les plus lourdes contiennent dix atomes de carbone et pèsent jusqu'à plus de 120 uma[10]. Ces conclusions sont très prometteuses, même si les molécules trouvées sont en très faible quantité : elle se mesure en picomoles[11], ce qui représente tout de même 10 milliards d'entités. Mais, comparée à une couche atomique (soit de l'ordre de 10^{14} atomes/cm^2), c'est l'équivalent de 0,01 % d'une monocouche.

Une contrainte supplémentaire sur Mars provient de ce que l'atmosphère est très ténue et n'est pas suffisante pour arrêter les rayonnements cosmiques d'origine galactique (GCR)[12] avant qu'ils n'atteignent la surface.

Les simulations prédisent en effet que des doses importantes de GCR pénètrent le sol de Mars, jusqu'à une profondeur de l'ordre de 1 m. Ces particules ionisées très énergétiques, en interagissant avec la matière, cassent les liaisons chimiques des molécules du sol. Dans un solide riche en oxygène, les fragments vont se recombiner en s'oxydant. Quand du CO ou du CO_2 se forme, il se trouve à l'état gazeux, et ces oxydes de carbone peuvent diffuser hors du solide, avec comme résultat net une disparition des molécules organiques dans les roches. C'est pour cette raison que le rover *Rosalind Franklin*[13] de la mission européano-russe *ExoMars* (2020) possède une foreuse d'une capacité de forage de 2 m, afin d'atteindre des couches non affectées par les GCR.

Biosignatures

Une biosignature est une substance (atome, molécule...) ou un phénomène apportant une preuve de la présence de vie, que ce soit passée ou présente. Le rapport isotopique $^{12}C/^{13}C$ a une valeur qui dépend de l'origine biologique ou non du carbone. En effet, les organismes privilégient dans leurs réactions l'isotope léger ^{12}C au détriment de l'isotope[14] ^{13}C. Malheureusement, ce rapport n'a pas pu être mesuré sur les molécules organiques identifiées sur Mars, du fait de leur trop faible quantité, et aucune molécule chirale[15] n'a encore été identifiée. À ce jour, aucune des molécules détectées ne présente la caractéristique d'une biosignature, c'est-à-dire la preuve d'une origine biologique ou d'une chimie prébiotique.

Cette recherche de biosignatures est un objectif du rover *Rosalind Franklin* qui doit se poser sur Mars au printemps 2021[16]. La mission est ambitieuse : forer à 2 m n'est pas simple et nécessite une mécanique fiable. Creuser dans le sol de Mars s'avère difficile. Par deux fois, les tentatives ont échoué. Je pense à *InSight* en 2019, qui devait mesurer le flux de chaleur[17] de la planète en enfonçant des thermomètres jusqu'à 5 m de profondeur. Le système de pénétration a eu des difficultés à percer un sol dont les propriétés se sont avérées déroutantes. De même, en 2008, la sonde *Phoenix*, qui s'est posée près du pôle Nord, avait été incapable de creuser plus d'une dizaine de centimètres, à cause de la dureté du sol gelé.

Mais même si *Rosalind Franklin* atteint ses objectifs en réalisant des analyses sur place, le consensus depuis des décennies pour progresser significativement sur cette quête du vivant est de pouvoir analyser les échantillons de Mars dans les laboratoires de recherche sur Terre avec les meilleures techniques d'analyse. Rapporter des fragments de Mars cumule néanmoins les difficultés, à un niveau jamais atteint pour une mission automatique. Son coût est similaire à celui des missions scientifiques les plus ambitieuses, comme le télescope *Hubble* ou son successeur le *James Webb Space Telescope*, soit une dizaine de milliards de dollars. Sa réalisation s'étalera sur une quinzaine d'années et devra être menée sans faille, avec une dizaine d'étapes clés, toutes critiques pour le succès de la mission.

Chapitre 2

Le retour d'échantillons martiens

Une mission de retour d'échantillons de Mars (MSR, pour *Mars Sample Return*) est considérée par la communauté scientifique internationale comme décisive, afin de statuer sur la question de l'émergence du vivant sur la planète. Or MSR nécessite pour la première fois de réaliser un aller-retour entre la Terre et Mars, ce qui la rend particulièrement complexe à mettre en œuvre. Comme les missions habitées martiennes nécessiteront elles aussi un aller-retour, il est intéressant de décrire comment MSR sera réalisée, sachant qu'avec l'homme, l'aventure sera d'une tout autre ampleur.

Imaginée pour la première fois au début des années 1980, MSR prévoyait un rendez-vous à la surface de Mars entre le véhicule réalisant la collecte et celui devant récupérer les échantillons pour les rapporter sur Terre. À l'époque, la précision très médiocre de l'atterrissage avait conduit à son abandon. Depuis, le scénario de cette mission a été étudié des dizaines de fois, avec diverses hypothèses. Aujourd'hui (printemps 2020), un nouveau scénario est proposé, dans une coopération ESA-NASA qui prévoit l'envoi de trois véhicules.

Mars 2020, la phase de collecte

À l'été 2020, la NASA envoie le véhicule de collecte. Il s'agit d'un rover de 1 t, dérivé de *Curiosity* : il doit se poser en douceur à la surface de Mars en utilisant le Skycrane[1] qui a parfaitement fonctionné pour *Mars Science Laboratory* en 2012. Le site d'atterrissage choisi est le cratère *Jezero* (cf. p. 43). Non seulement il est riche en roches sédimentaires (argiles et carbonates), mais il possède un relief en forme de delta, attribué à l'embouchure d'un ancien fleuve qui se déversait dans une petite mer ou un lac.

Le rover utilise ses instruments, notamment SuperCam, pour diversifier au mieux les échantillons collectés et privilégier ceux contenant du carbone. Il est en effet de peu d'intérêt de rapporter des échantillons ayant une même composition minéralogique, la diversité étant synonyme de richesse scientifique. Il est en effet de peu d'intérêt de rapporter des échantillons ayant une même composition minéralogique, la diversité étant synonyme de richesse scientifique. L'engin est équipé d'un dispositif de forage lui permettant de prélever des petites carottes de roche de 5 cm de longueur et de 1 cm de diamètre représentant environ 15 g de matière. Ces prélèvements permettent d'avoir ainsi accès à du matériau martien ni altéré ni oxydé par l'atmosphère et l'eau. Les carottes sont insérées dans des tubes, qui sont ensuite fermés hermétiquement afin d'éviter toute contamination mais aussi pour conserver les volatils qui dégazeraient ultérieurement. Le rover possède une quarantaine de tubes au total.

Cette phase de collecte doit durer une année martienne, soit près de sept cents jours terrestres. Il est prévu que, durant la mission, le rover dépose au sol les tubes collectés en trois endroits différents, soit environ treize tubes à chaque dépôt. Cette stratégie permet de garantir qu'au minimum un premier dépôt soit constitué au cas où le rover tomberait subitement en panne lors de sa mission.

En 2026, soit trois ans après la fin de la mission *Mars 2020*, l'orbiteur de « rendez-vous et capture » est lancé. Probablement réalisé par

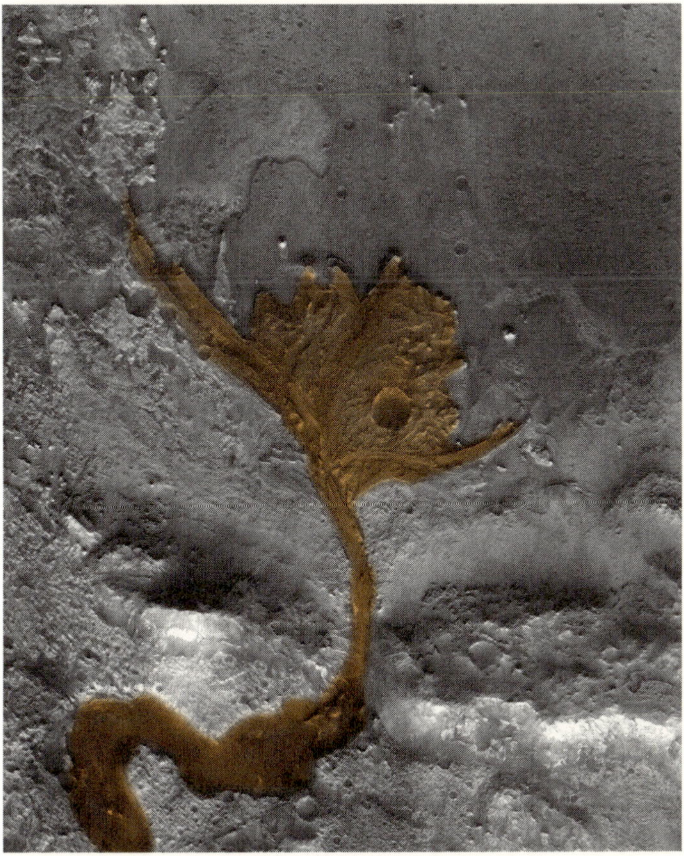

5. Le site d'atterrissage de *Mars 2020* dans le cratère *Jezero* situé par 20° N, au nord-ouest du bassin *Isidis*. Un ancien fleuve s'est déversé dans une étendue d'eau, créant ainsi un relief en forme de delta. Le site est riche en argiles et carbonates. Le point d'atterrissage visé se situe au sud-est du delta (le nord est à gauche). La route du rover l'amènera à gravir le delta afin d'en analyser la composition et de prélever des échantillons, ultérieurement rapportés sur Terre.

l'Agence spatiale européenne (ESA), celui-ci se placera en orbite basse et attendra le lancement du conteneur d'échantillons.

Au même moment (ou bien deux années plus tard), la NASA lance un nouvel atterrisseur martien, équipé du MAV (pour *Mars Ascent Vehicle*, une petite fusée qui doit envoyer les échantillons en orbite martienne) et du *Fetch rover* (*fetch* signifie « aller chercher »). Ce dernier doit se poser au plus près des dépôts d'échantillons, sinon la mission est perdue. Le rover léger a alors neuf mois pour récupérer tout ou partie des trois dépôts de tubes, dans un ordre qui sera fixé selon leur intérêt scientifique.

De retour à l'atterrisseur, le *Fetch rover* transfère les tubes au sommet du MAV, qui est alors érigé et mis à feu. Cette petite fusée à propulsion solide mono-étage place sur une orbite circulaire, à 600 km d'altitude, le conteneur d'échantillons de 3,6 kg contenant environ 500 g du précieux matériau. Le conteneur en orbite est équipé d'un système radio, destiné à sa localisation ainsi qu'à son évolution au cours du temps. L'orbiteur a pour mission de surveiller le lancement, afin de garantir sa récupération.

La phase de capture

Ensuite, l'orbiteur doit rechercher le conteneur mis en orbite par le MAV, en le localisant avec son récepteur radio et par voie optique. Dès que les paramètres d'orbite du conteneur sont déterminés, l'orbiteur effectue des manœuvres successives pour se placer sur la même orbite, qui lui permettra de se rapprocher de lui. De quelques milliers de kilomètres de distance jusqu'à 5 km, la navigation de l'orbiteur est pilotée depuis la Terre. À partir de 5 km, la phase finale de rendez-vous, la plus délicate, se déroule de façon automatique : de multiples caméras servent à déterminer la position relative du conteneur et à piloter en conséquence l'orbiteur jusqu'à la capture finale. Le conteneur est alors « absorbé » dans un réceptacle, pour être enfin transféré mécaniquement dans la capsule de retour.

Un risque de contamination sur Terre ?

Après trois années autour de Mars, l'orbiteur entame alors le trajet de retour par son injection sur la trajectoire Mars-Terre. Parvenu à proximité de la Terre, l'orbiteur largue la capsule contenant le conteneur. Celle-ci effectue alors une rentrée directe et balistique à grande vitesse. L'atterrissage a lieu sur terre (et non en mer), dans un désert du territoire américain.

Après l'atterrissage, la capsule, équipée d'une balise radio afin d'être localisée, est récupérée le plus rapidement possible[2]. Elle est ensuite immédiatement transférée dans un centre de quarantaine, en vue de tester l'éventuelle toxicité des matériaux martiens qu'elle contient. En effet, comme il est impossible de démontrer *a priori* que les échantillons ne présentent pas de danger (même si la probabilité que ce soit le cas est très faible), le principe de précaution impose de considérer qu'ils sont potentiellement dangereux. Les premières analyses se font donc dans un laboratoire de haute sécurité, jusqu'à démonstration de leur inocuité. Après cette vérification, les échantillons pourront être distribués à la communauté scientifique de par le monde en vue d'être analysés. Clap de fin.

On l'aura compris, cette mission aller et retour est déjà d'une extrême complexité, et son coût se situe entre 5 et 10 milliards de dollars[3], ce qui fait cher du gramme ! Un grand nombre de phases critiques doivent être menées les unes après les autres sans aucune défaillance. En cas d'anomalies d'un système, les possibilités de sauver la mission sont souvent réduites.

Pour finir, MSR est une mission qui s'étalera sur une décennie, avec le lancement de *Mars 2020* dès l'été 2020 et le retour des échantillons vers 2030. Mais sa réalisation est cruciale pour la suite du programme. D'une part, elle permettra de savoir si le matériau martien est dangereux biologiquement pour les hommes (la probabilité est minime, redisons-le), mais aussi de tester sa toxicité chimique, largement inconnue. En plus, MSR aura un effet psychologique fort pour la suite du programme habité, en démontrant pour la première fois la possibilité de faire un aller-retour entre les deux planètes. Nul doute que la NASA saura exploiter cet argument dans sa communication, même si la réalité de la mission habitée est d'une tout autre difficulté.

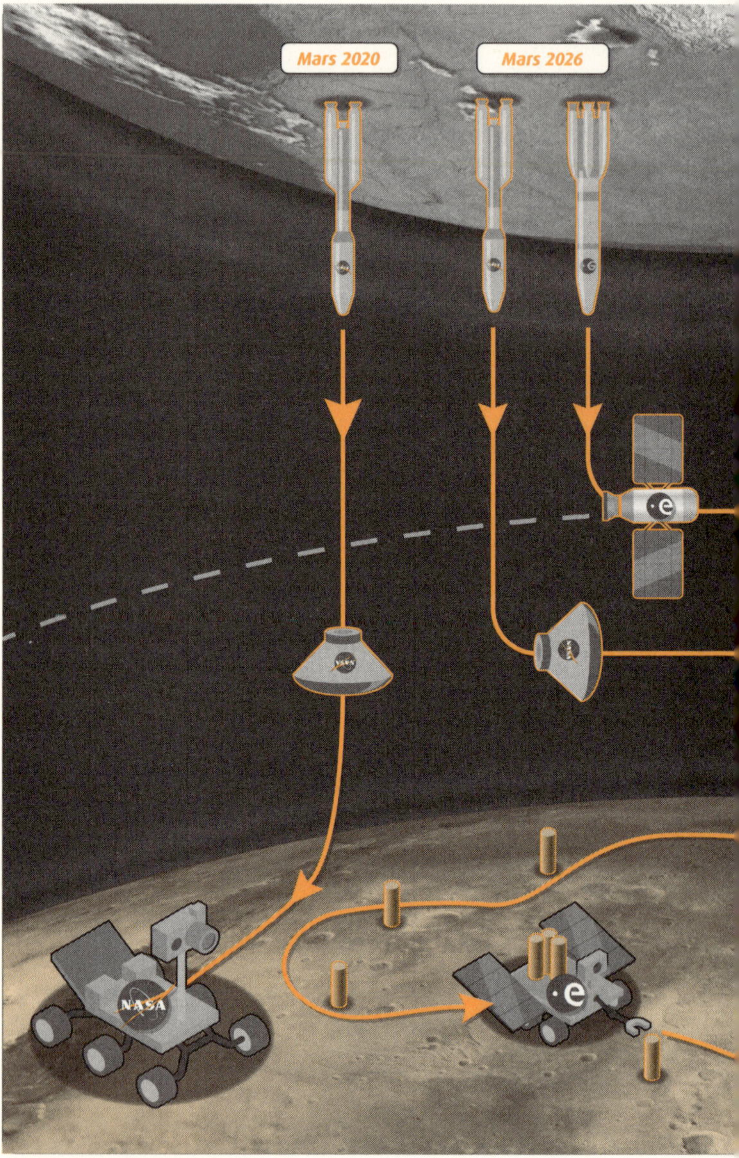

6. Les étapes de principe de la mission *Mars Sample Return*.

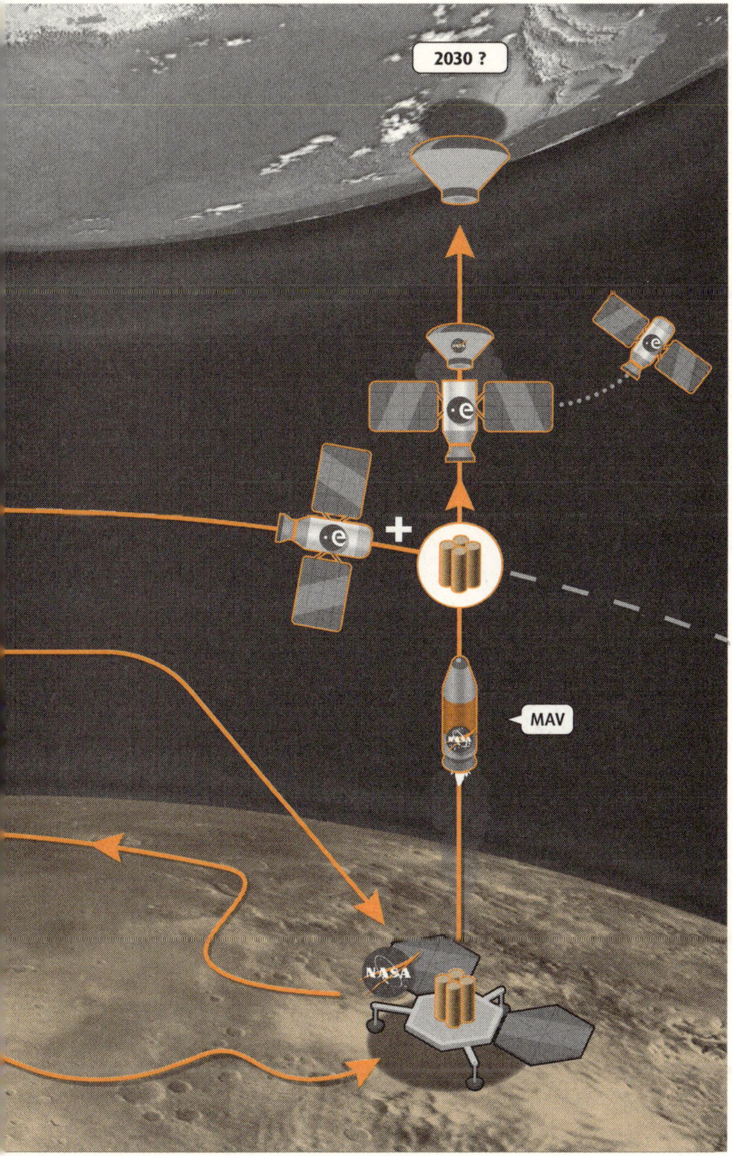
2030 ?
MAV

CHAPITRE 3

Les études de référence

L'envoi de l'homme sur Mars est l'objectif central des États-Unis pour l'exploration habitée du Système solaire. Cet objectif est très consensuel depuis plusieurs décennies, tant à la NASA qu'à la Maison Blanche et au Congrès. Les raisons de ce consensus ont été analysées précédemment. Cette entreprise est si démesurée que seuls les États-Unis l'intègrent. Ils en ont à la fois les capacités technologiques et financières.

L'Europe est loin d'avoir une telle ambition, mais elle considère la possibilité de participer au programme américain. La Chine a déjà affiché un objectif à long terme d'envoyer un taïkonaute sur la Lune dans les années 2030, et Mars reste pour l'instant au-delà de son horizon programmatique. Quant à la Russie, elle est malheureusement en déclin dans le domaine de l'exploration planétaire, n'ayant plus réussi une mission (robotique) depuis plus de trois décennies.

La conséquence pratique de ce contexte programmatique ? Seuls la NASA et le Congrès américain ont lancé des études détaillées et complètes de ce que représente le programme de l'homme sur Mars. La plupart des sources de ce livre provient de ces études américaines[1].

Depuis près de trente ans, la NASA réalise des études successives de *Design Reference Mission* visant à définir un concept de référence pour la mission et d'orienter la recherche et les développements à court terme. La dernière et la plus complète date de 2009, avec la « Mars Design Reference Architecture 5.0 » (DRA 5.0) reposant à l'époque sur le lanceur lourd *Ares V* (abandonné aujourd'hui, mais remplacé par le SLS) et sur la propulsion nucléaire thermique (cf. chapitre 7) pour le transport.

Par ailleurs, cinq ans plus tard, le Congrès a demandé au *National Research Council*[2] de revisiter cette étude et en particulier d'aborder la question de son financement, qui nécessite d'échelonner dans le temps les différentes étapes[3]. Les sommes requises pour *Apollo* ont en effet abouti à augmenter le budget de la NASA d'un facteur 25 en cinq ans, ce qui représente un effort sans précédent dans le domaine spatial, pour atteindre près de 5 % du budget fédéral en 1965 ! Cette année-là, le budget de l'agence équivalait à un montant de 45 milliards actuels, soit plus du double de ce qu'il est aujourd'hui.

Les auteurs du rapport estiment impensable (*non sustainable*) une augmentation similaire dans les décennies à venir. Il est donc nécessaire d'étaler les dépenses dans la durée, d'où le titre du rapport du NRC, « Pathways to Exploration ».

Je reviendrai plus loin sur les étapes possibles pour aller sur Mars, aussi appelées *pathways*. La première est le passage par la Lune.

Chapitre 4

Mais pourquoi envoyer des hommes sur Mars ?

Le rapport consacre une vingtaine de pages à discuter les justifications de cette extraordinaire entreprise qui va engloutir des milliards de dollars et orienter le programme spatial américain sur plusieurs décennies. Il s'agit de proposer au politique des réponses à la question « Pourquoi aller sur Mars ? », sachant que la réponse doit être pertinente aujourd'hui comme dans un demi-siècle ! Pour cela, le Conseil s'est efforcé de clarifier l'argumentaire des vols habités dans l'espace lointain.

Les justifications

En quelque sorte, ces « éléments de langage » sont à destination de la Maison Blanche et de la NASA, qui devront justifier les dépenses considérables auprès de l'opinion publique. Pas moins de sept argumentaires sont abordés qui vont de la R&D, la sécurité nationale, la stature internationale, la science, l'éducation et l'inspiration jusqu'à la survie de l'humanité ou même une « destinée humaine partagée ».

En aucun cas, les dépenses de R&D et leurs éventuelles retombées économiques (*spin off*) ne sauraient justifier les formidables dépenses du programme. La sécurité nationale, souvent mise en avant pour justifier l'action politique américaine, est jugée peu crédible, tant aujourd'hui que demain. La dimension internationale est indéniable, mais ne justifie guère, à elle seule, un tel projet.

L'inspiration et les vocations scientifiques que ce programme suscitera auprès des plus jeunes sont certaines, à l'instar du programme *Apollo*, qui a suscité aux États-Unis un engouement des étudiants pour les sciences dures – l'expression *rocket science* reflétant le savoir-faire des ingénieurs du spatial –, quantifié par un fort accroissement du nombre de thèses soutenues dans les années 1960-1970. Mais les missions automatiques à vocation scientifique sont considérées comme plus attractives pour les jeunes et… d'un meilleur rapport qualité-prix.

Sur la valeur relative des missions automatiques par rapport aux vols habités, l'homme a des capacités de réaction à l'inattendu bien plus efficaces que le robot – et dans un temps très court –, c'est indéniable, mais ce ne sera probablement plus le cas dans un avenir plus ou moins proche. Cet argument ira donc en s'amenuisant, au fur et à mesure des perfectionnements technologiques et de l'autonomie des robots explorateurs, pourvus à terme d'intelligence artificielle.

Quid de la survie de l'humanité comme argument pour justifier l'envoi de l'homme sur Mars ? Il faut préciser d'emblée que la planète rouge et son environnement hostile ne seront probablement jamais, contrairement à ce que certains affirment, le nouvel eldorado que les Terriens coloniseront, quand notre planète sera devenue un lieu invivable du fait de l'exploitation irresponsable des ressources, de la pollution galopante et du réchauffement climatique.

En effet, le fait de rendre Mars habitable, ou « terraformation », est très certainement irréalisable, si l'on en juge par les études et les descriptions qui en ont été faites. Les coûts avoisineraient plusieurs milliers de milliards de dollars, pour une durée du processus d'augmentation de la pression et de la température s'échelonnant sur plusieurs siècles ! S'il est permis de s'interroger sur la crédibilité du responsable de la Maison Blanche qui déciderait une telle entreprise, la faisabilité pratique de la terraformation n'est en rien prouvée. Bref, le risque est élevé que ces budgets faramineux soient dépensés en pure perte.

En somme, aucun de ces arguments ne justifie à lui seul l'entreprise en raison de son coût jugé excessif.

Finalement, la motivation durable est de savoir jusqu'où l'homme pourra aller dans le Cosmos ; c'est le concept de la nouvelle frontière qui affirme que l'homme est né pour explorer et découvrir son univers. En revanche, ce qu'il pourra accomplir une fois arrivé à destination est encore inconnu. Un aveu explicite qu'à ce jour le rôle de l'homme dans l'exploration n'est pas concrètement défini, hormis sa survie qui justifiera à elle seule une grande partie de son activité sur place.

Même si on peut douter que cet argument minimal suffise à convaincre le politique et surtout l'opinion publique, les sages ont l'honnêteté de dire qu'aucun autre argument plausible aujourd'hui ne le sera encore au milieu du siècle. Il est même rappelé que le niveau d'intérêt du public pour l'exploration est faible au regard d'autres domaines comme les questions économiques, la santé, l'éducation et… les découvertes scientifiques.

Enfin, il y a une justification qui n'est pas abordée dans le rapport. C'est l'héritage d'*Apollo*, qui a abouti à un fait unique au monde : les États-Unis consacrent la moitié de leur budget spatial (civil) aux vols habités. Depuis cinquante ans, cet héritage a été entretenu par l'intense lobbying des grands industriels concernés (Boeing, Lockheed Martin, etc.) auprès des politiques, y compris et surtout dans les États où ces industriels sont implantés, afin de poursuivre à tout prix les programmes habités et d'éviter toute remise en question qui serait catastrophique en termes d'emploi. Cela s'est traduit concrètement, entre 1981 et 2011, par le programme de la Navette spatiale, qui a tout de même coûté 170 milliards de dollars, pour un véhicule qui s'est avéré dangereux (quatorze morts) et très cher (près de 1,5 milliard) à chaque utilisation.

Puis ce fut la Station spatiale internationale (ISS), dont les premières études datent de près de quarante ans. Son exploitation doit se poursuivre jusqu'en 2024 ou 2028, pour un coût annuel de 3 à 4 milliards, et un total cumulé de 150 milliards. Avec le niveau d'investissement dans ce secteur et le nombre d'emplois concernés[I], on comprend que la pression intérieure incite à poursuivre ce type de programme. Et comme la Lune a été explorée, c'est naturellement Mars qui est aujourd'hui l'objectif à atteindre.

Pour conclure sur ce sujet, il faut rappeler que les États-Unis sont les leaders incontestés (et de loin) du domaine, qu'en tant que pionniers ils doivent faire des choix sans pouvoir se référer à d'autres et que ces choix sont lourds de conséquences. Enfin, il existe au Congrès une crainte que le pays perde son leadership, notamment avec la montée en puissance de la Chine dans tous les domaines économiques. Voilà qui les oblige à aller toujours de l'avant dans l'exploration, sous peine d'être dépassés dans vingt ou trente ans...

Chapitre 5

Comment aller sur Mars ?

Quel que soit le concept retenu pour envoyer un équipage sur ou vers Mars, il existe des contraintes incontournables : le voyage, le séjour (court ou long, en orbite ou sur la surface) et le retour. Ces durées correspondent aux transferts dits de Hohmann[1], qui minimisent l'énergie du voyage.

Même si des alternatives utilisant par exemple la propulsion nucléaire sont possibles, la durée du voyage ne pourra être abaissée à une centaine de jours qu'avec des efforts technologiques considérables. Cela signifie qu'au minimum, la durée de la mission sera trente à soixante fois plus longue que pour la Lune.

L'équipage proposé oscille généralement entre quatre et sept personnes selon les hypothèses retenues. Le train spatial habité (MTV, pour *Mars Transfer Vehicle*) devra posséder toutes les servitudes nécessaires pour assurer les fonctions du voyage aller et retour, pendant une durée totale de mission de six cents à mille jours, suivant que le séjour sera court ou long respectivement. Le MTV aura une masse comprise entre 300 et 500 t, nécessitant trois à cinq lancements de SLS (cf. p. 70). Par comparaison, le module de service d'*Apollo* pesait seulement de l'ordre de 25 t… Si l'objectif est de rester en orbite ou d'effectuer un survol rapide de la planète, le MTV seul est nécessaire.

Pour un atterrissage sur Mars, un second véhicule doit être envoyé au préalable : le DAV, pour *Descent & Ascent Vehicle* (l'espace raffole des acronymes !). Placé en orbite martienne, le MTV accostera au DAV et l'équipage y sera transféré. Puis ce dernier ira se poser sur la planète. Pour une mission de courte durée (typiquement un mois), le DAV devra incorporer toutes les ressources nécessaires aux humains pour leur séjour martien.

Ce concept minimaliste reste néanmoins à confirmer. En effet, il se peut qu'il soit nécessaire d'amener sur Mars, avant l'équipage, un module d'habitation autonome en ressources et énergie, si cette fonction ne peut être assurée par le DAV. De plus, ce véhicule peut être scindé en deux, pour des raisons de fiabilité et de masse. Le véhicule de descente et d'atterrissage peut être différent du MAV (*Mars Ascent Vehicle*) pour la remontée. L'avantage ? Répartir la difficulté et donc la masse sur deux véhicules distincts.

Pour un séjour de longue durée, comprendre de plus d'un an, une véritable infrastructure de base martienne devra être envoyée et assemblée au préalable (cf. *infra*, pour les détails). Ces scénarios graduels montrent la complexité croissante entre une mission restant en orbite et une base de longue durée.

Chapitre 6

Les missions possibles vers Mars

Quand on évoque l'homme sur Mars, il y a souvent une ambiguïté sur la mission considérée. Il existe différents scénarios de missions pour envoyer un équipage vers Mars. Ils sont de difficultés croissantes mais constituent des étapes possibles, voire nécessaires, pour valider en vol les technologies pour l'objectif ultime. On peut comparer cela aux missions *Apollo 8*, *9* et *10* qui ont préparé l'alunissage en validant en vol les étapes nécessaires à *Apollo 11*.

Un bref survol

La première mission vers Mars sera assurément une mission de survol sans arrêt. Celle-ci représentera une première étape importante car elle permettra de démontrer la possibilité d'y aller avec un équipage et d'en revenir[I]. Ce voyage autour du Soleil pose déjà certaines difficultés quoique non insurmontables. Le MTV est d'une dimension et d'une masse inégalée à ce jour, à l'exception de l'ISS elle-même, qui n'est en rien un véhicule de transport. Le voyage aller-retour sans arrêt autour du Soleil durera dix-huit mois environ...

Le séjour en orbite

L'étape suivante, avant l'envoi des hommes à la surface, consiste à maintenir l'équipage en orbite martienne. Par rapport à un survol, cette phase nécessite de développer une petite station en orbite martienne pourvue de toute la logistique nécessaire. Elle s'apparenterait à la LOP-G (cf. p. 122) actuellement en développement et qui comprend une dizaine de modules. Il serait nécessaire de l'envoyer à vide lors de la (ou des) fenêtre(s) de lancement précédant celle de l'envoi de l'équipage. Ce type de mission viserait à démontrer la possibilité de faire vivre en orbite des astronautes pendant une durée de cinq cents jours, le délai nécessaire avant un quelconque retour vers la Terre.

Cette station servirait ultérieurement à envoyer des hommes à la surface pour de courts séjours. Ces missions au sol, appelées « sorties », seraient similaires aux missions *Apollo*. Un atterrisseur se poserait sur un site, y resterait une poignée de jours, et la partie supérieure décollerait pour un rendez-vous avec la station. Dans ce scénario, aucune base martienne ne serait réellement construite puisque les astronautes passeraient l'essentiel de leur séjour en orbite.

Une variante peu différente de la station orbitale consiste à envoyer les hommes sur la lune Phobos, qui orbite à 6 000 km de la surface de Mars en 7 h 40. L'équipage pourrait ainsi étudier en détail cette petite lune de 27 km par 22 km par 18 km. La gravité y est si faible que les astronautes ne pèseraient que 500 g, ce qui nécessiterait des systèmes d'ancrage afin de ne pas « s'envoler » dans l'espace à chaque pas !

L'avantage de Phobos est que son accès est relativement facile, compte tenu de son altitude et de sa faible masse. Quand une sonde arrive dans son voisinage, l'énergie finale pour s'y poser est très faible. C'est pour ces raisons que l'agence spatiale japonaise, la JAXA, prévoit de réaliser un retour d'échantillons de Phobos, avec un départ en 2024 et un retour en 2030[2].

Cela dit, Phobos présente également d'autres contraintes. La plus problématique est le faible ensoleillement. En effet, elle est si proche de Mars que la moitié du ciel est remplie par la planète. Sachant que Phobos elle-même écrante le Soleil, il ne reste que très peu de temps (et d'espace dans le ciel) pour qu'un éventuel atterrisseur soit alimenté en énergie solaire. Donc le choix de passer par Phobos est finalement peu probable. En revanche, lors d'un séjour orbital, il est envisageable qu'un équipage aille visiter Phobos si cette station se trouve elle-même sur une orbite voisine de la Lune (circulaire, basse altitude et sur l'équateur).

Séjour court ou long

Nous l'avons indiqué, les transits Terre-Mars et Mars-Terre doivent avoir lieu lors des fenêtres de lancement. Ces fenêtres, bien connues pour le trajet aller, ont lieu tous les vingt-cinq/vingt-six mois, quand l'énergie pour aller vers Mars est minimale – c'est ce que l'on appelle les transferts de Hohmann. Toutes les missions interplanétaires exploitent ces trajectoires, même s'il est possible de s'en affranchir au prix d'une dépense d'énergie plus élevée.

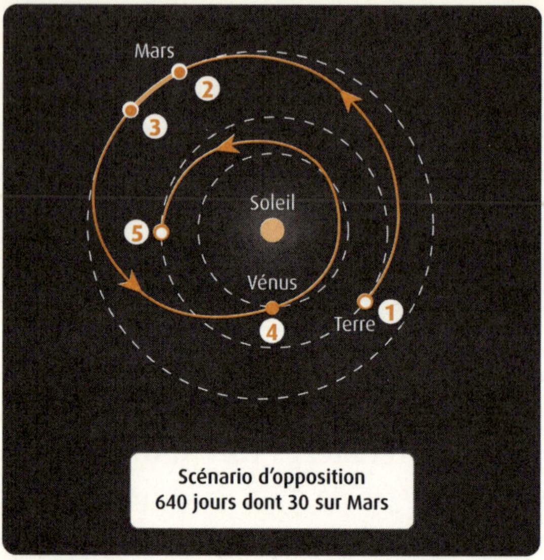

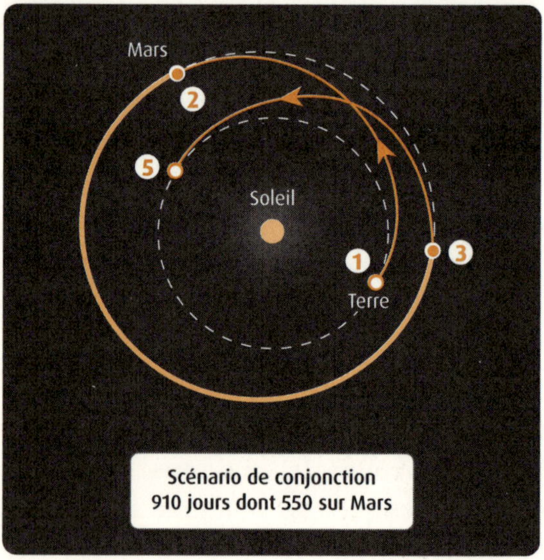

7. Exemple de trajectoires Terre-Mars et Mars-Terre, dans le cas d'un séjour court ou long sur Mars. 1 – départ Terre ; 2 – arrivée Mars ; 3 – départ Mars ; 4 – survol Vénus ; 5 – retour Terre.

C'est l'argument choc d'Elon Musk, quand il affirme pouvoir envoyer un équipage vers Mars en quatre-vingt-dix jours. Dans ce cas, la trajectoire n'est plus un transfert de Hohmann, l'énergie à dépenser est bien supérieure et la vitesse d'arrivée à Mars l'est également, ce qui nécessite soit davantage d'ergols pour freiner et s'insérer en orbite, soit davantage d'énergie à dissiper lors d'une entrée directe. Dans les deux cas, la masse à envoyer est accrue. Cet effet non linéaire est aussi appelé effet « boule de neige ». Il est maximal dans le cas d'une mission aller-retour comme un retour d'échantillons. Pour 1 kg de plus à rapporter sur Terre, il faut environ 5 kg de plus au lancement depuis la Terre (essentiellement des ergols, mais aussi de la structure), ce qui est très pénalisant.

La mécanique céleste étant ce qu'elle est, les fenêtres de retour de Mars vers la Terre sont également espacées de vingt-cinq/vingt-six mois. En pratique, la première fenêtre de retour de type Hohmann a lieu un an et demi après l'arrivée[3]. Il existe néanmoins une possibilité de retour anticipée. Après un à deux mois, l'équipage peut repartir en utilisant une trajectoire plus complexe (cf. figure 7). Le vaisseau doit s'approcher du Soleil et effectuer un survol de Vénus, qui le dévie pour l'envoyer vers la Terre. Au total, le retour dure quatre cents jours et le vaisseau fait plus d'un tour autour du Soleil. Ce « faux » créneau sera-t-il utilisé au début du programme ? C'est très tentant, mais les inconvénients sont sérieux. D'abord, la durée du retour est double, ce qui nécessite un surplus de ressources (ergols, eau, nourritures, etc.) pour l'équipage avec l'effet « boule de neige » associé. Ensuite, le survol de Vénus n'est pas anodin. Il induit une phase chaude lors du passage par Vénus à prendre en compte dans le design du véhicule de retour, ce qui se traduit par un surplus de masse (isolation thermique, écran, etc.).

Il faut en effet souligner que les configurations chaudes sont plus délicates à concevoir que les configurations froides. Le passé a montré que, lors des survols de Vénus par des sondes comme *Vega* (1986), la sonde a chauffé au-delà des prévisions. La sonde *BepiColombo* dédiée à l'étude de Mercure a subi le même problème. La réalisation du satellite a été très difficile, ce qui a induit surcoûts et retards, du fait des hautes températures au voisinage de Mercure et à proximité du Soleil. La mission devait partir en 2013 : elle a finalement décollé cinq ans plus tard !

Cette problématique séjour court/séjour long a été dramatiquement mise en scène dans le film *Seul sur Mars*, où Mark Watney, laissé pour mort, doit survivre un an et demi avant de pouvoir rentrer… en cultivant des pommes de terre.

À l'inverse, on peut affirmer sans risque que les séjours longs seront l'objectif ultime du programme, compte tenu de l'investissement considérable qu'il représente. Ce scénario ultime, le plus valorisant, nécessite l'installation préalable d'une base martienne pour un ou plusieurs séjours de longue durée.

Chapitre 7

Le reste à faire

Les différentes missions considérées se déclinent à travers des véhicules et des modules devant être développés pour leur réalisation. Pour la mission de longue durée à la surface de Mars, leur nombre est de onze, chacun d'entre eux pouvant coûter plusieurs dizaines de milliards de dollars et prendre plusieurs décennies pour être mis au point. En voici l'impressionnante liste.

- Lanceur lourd SLS[1] (*Space Launch System*, en développement) pour placer en orbite basse les éléments devant être assemblés, la mission avec atterrissage sur Mars nécessitant une dizaine de lancements de 100 t chacun.
- Système de propulsion avancé (nucléaire ?) pour injecter vers Mars les véhicules lourds assemblés en orbite basse. Le système exploité pour le fret sera différent de celui adopté

pour les hommes, ce dernier devant minimiser la durée du voyage.

- Rover téléopéré qui sera utilisé pour assembler la base martienne.
- Alimentation en énergie de la base martienne (nucléaire).
- Combinaison spatiale plus souple et plus performante pour les sorties extravéhiculaires sur Mars.
- Véhicule mobile pressurisé pour le déplacement de l'équipage sur la surface de la planète.
- Système d'entrée[2] utilisant un bouclier aérothermodynamique gonflable pour l'atterrissage des hommes et du fret.
- Module de commande et de service (*Orion*, en développement) pour le transfert de l'équipage.
- Module d'habitation espace lointain pour le séjour des hommes durant les centaines de jours que durera le transport.
- Habitation de surface de longue durée.
- Véhicule de remontée (MAV) de la surface de Mars.

À ce jour, sur ces onze modules, seuls deux sont en cours de réalisation : le lanceur lourd SLS, qui peut placer 100 t en orbite basse, et la capsule habitée *Orion*, qui peut emporter six personnes sur une durée limitée à trois semaines au maximum. Les neuf autres doivent faire l'objet de développements nouveaux dont la faisabilité n'est pas toujours démontrée.

À cette liste, il convient de rajouter les systèmes assurant l'extraction de ressources (eau, CO_2...) et la fabrication d'ergols pour le MAV.

Le transport de l'équipage

Le transport de l'équipage (quatre à six personnes) nécessite un véhicule MTV (*Mars Transfer Vehicle*) de très grande dimension (supérieure à 100 m) et donc de masse importante (plus de 300 t). Il est impossible de le lancer en une fois, et il est donc nécessaire d'effectuer plusieurs lancements (trois à cinq) de SLS, qui à chaque fois injecteront en orbite basse terrestre (à 200 à 400 km d'altitude) plus de 100 t.

Les différentes parties sont alors assemblées : le véhicule de propulsion qui injectera le train spatial vers Mars (celui-ci sera largué après injection vers

Mars), un second étage propulsif pour l'injection en orbite martienne et le véhicule d'habitation de l'équipage. Le MTV a pour seule fonction d'amener l'équipage en orbite martienne. Il ne permet pas de vivre longtemps sur cette orbite, ni de revenir sur Terre. La durée de croisière devant être minimale (de l'ordre de deux cents jours), la propulsion utilisée sera de type chimique ou nucléaire thermique. À l'inverse, la propulsion électrique, qu'elle soit alimentée en solaire ou avec du nucléaire, a l'avantage de minimiser la masse du propulseur, au prix d'une durée de croisière plus longue. On y aura en particulier recours pour le transport du fret.

Le transport du fret

La NASA envisage de transporter le fret par propulsion électrique de forte puissance, alimentée par de gigantesques panneaux solaires[3]. Ce véhicule, le PPE (*Power & Propulsion Element*), est en cours de développement dans le cadre de la LOP-G. Il devrait être lancé en 2022 et constituer le premier module de la station lunaire. Ses panneaux solaires fourniront 50 kW de puissance pour alimenter quatre moteurs électriques de nouvelle génération. Élaborés en 2015, ces derniers fonctionnent sur le principe de l'effet Hall[4] et ont une puissance de 12,5 kW, nettement supérieure à celle des moteurs actuels[5]. Le principal intérêt de ce type de propulsion est qu'il consomme très peu d'ergols pour une même variation de vitesse[6]. Son défaut, c'est que la poussée est très faible. Elle se mesure en newtons[7], voire en millinewtons. La mission du PPE est de maintenir la LOP-G en orbite, de fournir la puissance électrique à la station ainsi que les capacités de communication avec la Terre.

Comment augmenter significativement les capacités de transport ? La NASA étudie sur le long terme la possibilité de privilégier la propulsion nucléaire. En 2009, la mission de référence DRA 5.0 prévoyait la propulsion thermique nucléaire à la fois pour l'équipage et pour le fret. Néanmoins, le développement de cette technologie ne va pas sans mal – on s'en doute. Il s'agirait notamment de relancer un programme nucléaire spatial semblable à celui commencé en 1960 (NERVA) et abandonné douze ans plus tard, compte tenu d'obstacles avérés.

Un second type de propulsion nucléaire, la NEP (*Nuclear Electric Propulsion*), est également considéré. Le principe est simple : alimenter électriquement un grand nombre de moteurs électriques à l'aide d'un petit réacteur nucléaire fournissant la puissance électrique nécessaire. À l'échelle de vingt à trente ans, un système de NEP d'une puissance de 50 à 100 kW est envisageable pour le seul envoi du fret vers Mars. Pour l'envoi d'hommes, il conviendrait de développer une NEP d'une puissance de 1 000 kW, ce qui n'est pas crédible à l'échéance du programme américain actuel.

Pour conclure sur la propulsion nucléaire, son apport serait certes déterminant – en réduisant considérablement la masse des véhicules envoyés vers Mars –, mais il est possible que celle-ci ne fasse pas partie du programme, du fait des difficultés liées à son développement mais aussi des risques lors du lancement – et de leur appréciation par l'opinion publique. Mais rien n'est écrit encore...

CHAPITRE 8

Les principaux défis

Il serait fastidieux d'énumérer ici tous les défis que posent les développements à venir, mais il est néanmoins important de connaître leur ampleur. Les voici, par ordre de difficulté décroissante.

L'atterrisseur pour l'équipage

Ce véhicule a pour fonction de poser un équipage de quatre à six personnes sur Mars. Le programme *Apollo* a permis le développement d'un atterrisseur lourd, le LM (*Lunar Module*), d'une masse de 15 à 16,5 t. La technologie du pilotage sous rétrofusées est bien maîtrisée. Cependant, ce système n'est pas extrapolable de la Lune à Mars, en raison de la présence de l'atmosphère. Celle-ci est certes très ténue, avec une pression au sol de moins d'un centième de la pression terrestre, mais son étendue verticale, environ 100 km, est pour le coup voisine de celle de la Terre, du fait de la plus faible gravité.

Or tout véhicule effectuant une rentrée directement depuis la trajectoire d'arrivée arrivera au contact de l'atmosphère avec une vitesse supérieure à la vitesse de libération de 5 km/s (soit 18 000 km/h). En pratique, ces vitesses d'arrivée se situent autour de 20 000 km/h et sont donc hypersoniques[I]. L'atmosphère est alors très utile pour freiner le vaisseau, mais les échauffements sont tels qu'il est nécessaire de le protéger à l'aide d'un bouclier thermique.

Après cette phase hypersonique, la vitesse, réduite de plus de 90 %, retombe à 1 500 km/h, le bouclier devient inutile et est largué lorsque le vaisseau se trouve à une dizaine de kilomètres de la surface, ce qui est très peu. Un parachute est alors déployé comme second système de freinage. Mais l'atmosphère est si ténue que la vitesse sous parachute est encore trop importante, même avec de gigantesques coupoles comme celle d'*ExoMars*, qui atteint 35 m de diamètre ! Pour l'atterrissage final, un système de rétrofusées est encore nécessaire.

On le voit, l'atterrissage sur Mars est plus complexe que pour un corps sans atmosphère, en raison des différentes configurations qu'il faut mettre en œuvre successivement sans faille et dans un temps très court. Cette phase a été nommée par le *Jet Propulsion Laboratory* les « sept minutes de terreur », car tout est automatique et les opérateurs sont tétanisés par le risque d'échec. Pour les missions habitées, il est concevable que le vaisseau soit piloté par l'équipage, notamment en cas d'urgence.

L'état de l'art dans ce domaine, c'est le système qui a permis de poser sur Mars le rover de 1 t *Curiosity*, en août 2012. Extrêmement audacieux et innovant, il possédait un bouclier thermique puis un parachute, ce qui est bien maîtrisé, mais surtout le Skycrane (cf. p. 41). Ce système d'atterrissage par rétrofusées consistait à se stabiliser à quelques mètres au-dessus du sol, à faire descendre le rover accroché par trois câbles et à le poser en douceur. Hormis sa complexité de mise en œuvre, le Skycrane permet de poser uniquement la masse utile, le rover, ce qui est un avantage indéniable. Néanmoins, le système possédait 6 changements de configuration pendant la descente, 76 éléments pyrotechniques et un logiciel de 500 000 lignes de code qui devait fonctionner sans erreur.

Malheureusement, ce système n'est pas applicable aux lourdes masses nécessaires pour faire atterrir des hommes. On estime en effet que l'atterrisseur habité sera un véhicule d'une masse de 40 à 80 t ! De plus, la décélération violente subie par *Curiosity* lors du freinage hypersonique sous bouclier (10 à 15 g[2]) serait mortelle pour des humains... Il convient donc de développer un tout autre système qui devra se freiner à l'aide d'un moteur, avant même l'arrivée dans l'atmosphère de Mars. L'ensemble de ces contraintes explique pourquoi le véhicule aura une masse si importante.

De plus, afin d'assurer un atterrissage d'une grande précision, il faudra utiliser un bouclier thermique allongé qui ménage la possibilité de piloter le véhicule durant la phase hypersonique, à la façon de la navette spatiale jadis. Ce dispositif est couramment mis en œuvre par les capsules russes *Soyouz* au retour de l'orbite basse, et a été utilisé pour la première fois sur Mars par *Curiosity*, qui avait une (modeste) capacité de pilotage[3], ce qui procurait une précision d'atterrissage de 20 km, alors qu'un atterrissage non piloté a lieu à 100 km près. Pour des hommes, cette précision devra être de 100 m, afin qu'ils se posent près de la base et qu'ils puissent l'atteindre par eux-mêmes.

Un moyen efficace d'augmenter la précision d'atterrissage est de s'inspirer de ce qui se pratique dans les aéroports lors de l'approche des avions.

Le pilote suit une « balise » sophistiquée qui lui impose la direction, la vitesse d'approche, la vitesse de descente, etc. Sur Mars, un dispositif de ce type pourra certainement être employé.

Une option, actuellement étudiée aux États-Unis et en Russie, consiste à privilégier un bouclier décélérateur gonflable, afin d'accroître la surface et donc de réduire la vitesse finale durant cette phase. Il est probable qu'une telle technologie soit mise en œuvre pour l'homme sur Mars. Elle permettrait de s'affranchir du parachute en allumant directement le système propulsif, ce qui simplifie la séquence.

À supposer que son développement ait démarré (ce qui n'est pas le cas), pour la seule mise au point de l'atterrisseur, les experts du NRC estiment qu'un atterrissage sur Mars ne peut avoir lieu avant 2045.

Le *Mars Ascent Vehicle*

Un atterrisseur particulier devra également être développé : le *Mars Ascent Vehicle* (MAV). Il permet à l'équipage de décoller de Mars afin d'atteindre le véhicule de retour qui stationne en orbite.

Ce véhicule est au minimum un engin à deux étages, l'un pour la descente et l'autre pour le retour, et parfois même à trois étages, afin d'optimiser la performance au décollage[4]. Le MAV représente certainement l'engin le plus difficile à concevoir, tant les contraintes sont fortes. L'enjeu est finalement d'envoyer sur une autre planète une fusée « presse-bouton ». Elle doit présenter une excellente fiabilité, sachant que la moindre anomalie sur Mars sera probablement impossible à réparer… avec une combinaison spatiale.

Le télescope spatial *Hubble* ou les stations (ISS, MIR, etc.) ont été conçus pour être réparés en orbite, et sont constitués de modules « plug & play » que l'on peut interchanger sans pour autant les réparer. Quand une réelle réparation est menée, il s'agit souvent d'un bricolage de fortune avec les moyens du bord. Sur *Apollo*, un garde-boue de la roue du rover a été aménagé avec une carte topographique de la Lune fixée avec des pinces et ça a parfaitement fonctionné ! Mais si un moteur, une électronique ou un capteur est défaillant et s'il n'y a pas de module interchangeable, la réparation est impossible par un astronaute en combinaison spatiale. Pour cette même exigence de fiabilité, le MAV devra à terme être envoyé en deux exemplaires pour bénéficier d'une redondance.

La fonction du MAV est (seulement) d'envoyer l'équipage de la surface à l'orbite basse martienne, la moins énergétique. C'est le même schéma qu'*Apollo*, où l'*Ascent Vehicle* effectue un rendez-vous en orbite avec le module de commande, car le retour direct vers la Terre est beaucoup trop énergivore. Or la masse du MAV, constituée principalement de la masse de ses ergols, est très contrainte par l'effet « boule de neige » décrit ci-avant (cf. p. 67) : la masse requise pour le retour nécessite une masse trois à cinq fois plus importante pour la déposer sur Mars. Or un MAV de quatre à six personnes présente une masse au décollage qui varie de 40 à 60 t, soit une masse à envoyer de 100 à 200 t environ, si l'on inclut le véhicule d'injection en trajectoire vers Mars et les systèmes de freinage pour l'entrée dans l'atmosphère.

On le voit, les obstacles sont nombreux. Il faut y ajouter la durée d'attente à la surface avant le décollage – elle nécessite une grande robustesse au cycle thermique diurne martien, qui fatigue les matériaux. Et compter avec les faibles températures nocturnes, typiquement –100 °C, qui interdisent l'usage d'ergols liquides non cryogéniques, habituellement employés en propulsion, mais qui ne résistent pas au gel.

8. Hérité de la navette spatiale, voici le concept d'un atterrisseur martien pour un équipage de 4 personnes.

L'exemple du MAV de MSR est à cet égard instructif. Cette petite fusée, héritée des technologies des missiles militaires, doit envoyer 500 g d'échantillons martiens en orbite dans un conteneur de 12 kg. La principale difficulté fut de trouver un ergol solide qui résiste aux basses températures. Parmi un grand nombre d'options, le choix s'est porté sur un mélange d'oxydes d'azote comme oxydant et de carburant solide à base de paraffine, appelé SP7. Ce SP7 est un héritage de la R&D militaire américaine, et il est difficile de dire si une technologie équivalente existe hors des États-Unis.

Néanmoins, ce SP7 ne sera pas envisageable pour le MAV, car la stratégie retenue consiste à faire atterrir un MAV vide d'ergols pour le retour. Bref, ces ergols devront être fabriqués sur place (cf. p. 98) à partir du CO_2 et de l'eau de Mars (ce que l'on nomme l'ISPP, pour *In Situ Propellant Production*). Le moteur du MAV fonctionnera à l'oxygène liquide (LOX) et au méthane (LCH4), liquide également. Le système de fabrication de ces deux ergols sur Mars pèserait environ 2 t, alors que la masse d'ergols pour le décollage serait de 30 t, de sorte que le gain potentiel est avantageux. Ainsi, produire des ergols *in situ* est un impératif fort qui pourrait représenter un risque de faisabilité pour l'ensemble du programme. Or, dans ce domaine, seule de la R&D en laboratoire a été menée, et aucune démonstration n'a encore été entreprise au sol de Mars...

Radiations

Les radiations sont souvent mises en avant pour justifier la difficulté des vols lointains et de longue durée. Le sujet est complexe et très technique, et peu d'études complètes ont été réalisées, alors qu'on s'y penche depuis plus d'un demi-siècle. Comme nous le verrons, les conclusions des experts sont néanmoins préoccupantes pour la faisabilité de la mission.

Deux sources de radiations

Le Soleil émet un vent solaire permanent, qui propulse des ions (essentiellement de l'hydrogène) à une vitesse de 400 km/s. Étant arrêté par le matériau du module, ce vent solaire calme ne présente pas de problèmes d'irradiation pour l'équipage.

Occasionnellement, notre étoile émet toutefois des bouffées de radiations plus énergétiques.

Lorsqu'une éruption de particules énergétiques (« éjection de masse coronale » ou EMC) est propulsée dans l'espace et que celle-ci rencontre le vaisseau habité, la dose reçue est massive. Quand une EMC atteint la Terre, protégée par un champ magnétique qui dévie les radiations, il en résulte *a minima* de magnifiques aurores boréales et australes. Mais cela peut également provoquer des coupures électriques de plusieurs heures, comme au Canada en 1989. Les champs électromagnétiques puissants engendrés par l'irruption des particules ionisées ont provoqué des surtensions qui ont fait disjoncter le réseau électrique d'Hydro-Québec, avec une panne électrique de neuf heures à la clé.

Ces radiations, constituées d'ions de haute énergie, sont arrêtées par un blindage approprié. Comme l'EMC n'a lieu qu'épisodiquement et que sa durée est de quelques jours, il est possible de blinder la paroi du vaisseau qui sera orientée vers le Soleil, afin que l'équipage se réfugie dans ce lieu en cas d'alerte.

Le second type de radiations est d'origine galactique et pose des difficultés bien plus considérables. Ces rayonnements cosmiques ont une énergie (plusieurs milliards d'électronvolts) telle qu'un blindage est inefficace[5] et que ce dernier a de surcroît un effet aggravant. Chaque ion hyperénergétique qui pénètre la paroi du vaisseau produit en effet une gerbe d'ions de moindre énergie (dans le domaine du million d'électronvolts) qui se révèle problématique pour la santé de l'équipage. Aucun système de blindage envisagé à ce jour n'est efficace contre ces rayonnements, qui existent en permanence de façon diffuse et qui proviennent de toutes les directions de l'espace.

La proposition très futuriste d'une protection par un champ électromagnétique engendré par le vaisseau semble efficace sur le papier, mais présente de graves défauts. En premier lieu, le système est très pénalisant en masse et en énergie. Ensuite, celui-ci doit créer un champ électromagnétique si puissant qu'il constitue un danger pour la santé de l'équipage. Enfin, il se situe au-delà de l'horizon fixé pour sa mise en œuvre, environ un demi-siècle – à supposer qu'il soit faisable !

Pour les travailleurs du nucléaire, la législation américaine[6] recommande une dose de radiations maximale telle que la probabilité d'excès de cancer dans les vingt ans qui suivent l'exposition soit limitée à 3 %. Cette législation s'applique *a priori* pour les astronautes. La dose prise en compte est celle cumulée depuis la naissance. Cela signifie que l'équipage qui sera choisi devra avoir une dose antérieure minimale. En d'autres termes, cet équipage sera « novice », puisque sans expérience de vols de longue durée qui induisent une dose importante de radiations[7].

Mais tout le monde n'est pas égal devant les radiations. Les plus jeunes sont plus sensibles que les plus âgés et les femmes près de deux fois plus que les hommes[8]. Il est probable qu'un critère de sélection sera la « capacité » individuelle à résister aux radiations, en réparant naturellement son ADN... dans la mesure où l'on pourra l'évaluer *a priori*. Pour un équipage exclusivement masculin, d'âge autour de 55 ans, non fumeur et ayant été très peu exposé aux radiations dans sa vie, la durée maximale d'exposition, à la fois pendant le voyage mais aussi sur Mars, est alors de six cents jours. Ce qui est déjà inférieur à la durée d'une mission de cinq cents jours sur Mars, dont l'aller-retour prendra près de mille jours au total. Si l'équipage est constitué de femmes ou d'astronautes plus jeunes, cette durée maximale recommandée tombe à deux cents jours[9] !

Rappelons que les solutions techniques pour se prémunir des radiations de très haute énergie ne sont pas envisageables dans les cinquante ans à venir. Consciente de la difficulté, la NASA a constitué un comité d'éthique sur le sujet. Une solution sera très certainement de relâcher la contrainte légale. En d'autres termes, d'autoriser des doses de radiations plus importantes, avec un coût pour la santé de l'équipage plus lourd...

Cette décision, si elle est prise, ne manquera pas de provoquer des débats dans l'opinion et les médias. On pourra argumenter que, pour des équipages qui représenteront l'humanité dans ce voyage, cela resterait acceptable, à l'inverse des personnels de l'industrie nucléaire[10]. Ajoutons que l'équipage ne sera pas malade des radiations durant le voyage, mais que le risque pour leur santé dans les décennies qui suivent sera important.

La microgravité

Le voyage vers Mars durera probablement six mois, et c'est d'ailleurs pour cette raison que les missions à bord de l'ISS sont aujourd'hui de cette durée au minimum, et occasionnellement plus longues. Tout au long du voyage, l'équipage vivra *a priori* en microgravité, et l'on observe qu'à leur retour sur Terre, les astronautes de l'ISS ont des difficultés à se réacclimater à la gravité terrestre – difficultés d'autant plus grandes que le séjour dans l'espace a été long. Lorsque le président de la République appela Thomas Pesquet le 2 juin 2017, ce dernier, tout juste arrivé sur Terre, expliqua par la suite qu'il avait du mal à tenir sa main à hauteur de son oreille lors de la conversation, tant son bras lui semblait pesant. On sait par ailleurs que les astronautes seront incapables de se lever dès leur atterrissage sur Mars. Ils devront attendre un jour ou deux avant d'effectuer leur sortie historique sur le sol poussiéreux.

S'ils ne doivent pas pour autant être négligés, ces inconvénients ne sont pas critiques pour la mission par rapport à d'autres contraintes, d'autant qu'il existe des solutions. Ainsi, l'idée de réaliser un véhicule de transfert en rotation afin de créer une gravité artificielle est ancienne. Elle était citée dès 2001 dans l'étude du centre Glenn de la NASA, avec la propulsion nucléaire thermique. Lors de la dernière étude de référence (DRM 5.0) en 2009, elle n'est toutefois plus considérée, signe que le concept n'a pas fait ses preuves après avoir été étudié plus en détail.

Il faut dire que la gestion opérationnelle d'un module en rotation est plus complexe, ainsi que sa navigation. Par ailleurs, si la distance entre les deux masses en rotation n'est pas suffisamment grande, la vitesse de rotation devra être accrue. Or cela aurait des effets sur la santé de l'équipage, en lui donnant la nausée du fait de la force de Coriolis[II] qui s'applique à tout objet en rotation. Stanley Kubrick avait vu juste : pour que la roue de *2001, l'Odyssée de l'espace* tourne sans que l'équipage ne soit malade, il faut que sa taille soit gigantesque. Le père des fusées *Saturn*, Wernher von Braun, avait déjà imaginé le concept en 1962. Les valeurs de un à deux tours par minute sont le seuil au-delà duquel les sensations de vertige et de nausée se font sentir. En pratique, pour obtenir une accélération égale à celle que l'on a sur Terre (1 g) à la périphérie et en n'effectuant pas plus d'un tour par minute, le diamètre de la roue doit mesurer 3 km !

La psychologie

Les problèmes psychologiques que rencontrera l'équipage pendant ce très long voyage sont plus préoccupants que la microgravité. Ils sont aussi étudiés depuis plus longtemps, notamment avec les séjours des sous-mariniers dans un lieu confiné ou aux hivernages en Antarctique, ou encore aux simulations de voyage martien, comme

Mars500, qui s'est déroulée entre juin 2010 et novembre 2011 à Moscou.

L'expérience acquise dans ce domaine montre que des équipages culturellement homogènes vivent en meilleure harmonie qu'un équipage international, issu de cultures très différentes. Un second retour d'expérience est que la phase la plus critique est le voyage de retour, quand la mission a été achevée et qu'il n'y a plus d'enjeu, sauf à assurer sa propre sécurité jusqu'à l'arrivée.

Un paramètre impossible à simuler reste l'éloignement réel de la Terre, sans aucune possibilité de retour en cas d'urgence avant plus d'un an. Cette contrainte psychologique supplémentaire sera évaluée sur des voyages préalables longs et lointains, comme un survol sans arrêt de Mars dont la durée est déjà de plus d'un an et demi.

De nombreuses études se sont intéressées à la psychologie et au caractère des membres d'un équipage idéal. Ces résultats sont précieux, mais on ne s'affranchira pas d'envisager les pires scénarios possibles, y compris celui d'un astronaute dans un état psychologique préoccupant – pouvant mettre en danger l'ensemble de la mission.

Chapitre 9

Les ressources

La quantité de ressources, telles que l'eau et l'oxygène à embarquer sur Mars, est colossale. Pour les besoins d'un équipage de six personnes (nourriture, toilette, cultures alimentaires, etc.), la quantité d'eau dépasse les 10 t. Il est donc d'un grand intérêt de rechercher la possibilité d'utiliser l'eau sur Mars tout au long du séjour, mais également lors du trajet vers la planète.

Une étude de la NASA datant de 2016 (cf. bibliographie) passe en revue les différentes sources possibles d'eau sur Mars : les glaciers enterrés, les minéraux hydratés (sulfates et argiles), le régolithe en général et les glaces polaires. Cette dernière localisation a été vite éliminée, car on ne peut pas concevoir une mission habitée située près des pôles, du fait des très basses températures et du faible ensoleillement la saison hivernale.

La piste des glaciers

Des glaciers enterrés ont été localisés avec précision par les radars du sous-sol que sont MARSIS sur *Mars Express* et SHARAD sur MRO. La couche de dépôts qui recouvre le glacier est au minimum de quelques mètres, sinon son isolation thermique aurait été insuffisante pour préserver la glace sur des temps géologiques. D'ailleurs, lorsque celle-ci se retrouve en surface, elle se sublime très rapidement, sauf aux pôles, où elle est stable.

Par nature, ces glaciers sont situés dans des zones délimitées : ce ne sont en rien des plaines, mais bien plutôt des cuvettes, qui ont bloqué le glacier dans son écoulement. Ainsi, trouver un glacier accessible sur le plan pratique et intéressant pour la région à explorer constitue un vrai défi. Enfin, la particularité de la glace est d'être dure en forte concentration, ce qui représente une contrainte mécanique à intégrer lors d'essais sur le terrain. Et plus le sol sera froid et la glace pure, plus la glace sera dure et difficile à percer.

Le régolithe : omniprésent, mais peu utile

On appelle régolithe sur Mars tous les matériaux sous forme de poudre ou de petits grains, quelle que soit leur origine. Le régolithe recouvre donc la poussière, le sable des dunes, et de façon générale tous les sols non consolidés. La poussière est omniprésente, souvent sous la forme d'une très fine couche d'épaisseur inférieure au millimètre. Cette présence universelle représente son principal attrait, de sorte que le choix du site est peu contraint. Son inconvénient tient à une proportion d'eau réduite (inférieure au pourcent en masse), ce qui impose d'excaver un grand volume de régolithe.

Si elle est effectivement un peu hydratée comme l'a démontré l'instrument ChemCam de *Curiosity*, le volume exploitable reste très faible. Et lorsqu'une zone a accumulé une grande quantité de poussière, le risque d'enlisement des robots mobiles est majeur, tant elle s'apparente à du talc très meuble. *Spirit* a d'ailleurs terminé sa mission enlisé dans de la poussière. On comprend pourquoi cette poussière paraît peu exploitable.

Le cas du sable est différent. Son exploitation est facile, mais la proportion d'eau est très faible, et il est exclu de construire une base sur des dunes de sable, pour des raisons évidentes de difficulté de mobilité.

Les minéraux hydratés

Les minéraux hydratés que sont les sulfates et les argiles présentent un plus grand intérêt pour l'exploitation des ressources *in situ*. Les sites sont en effet nombreux et parfois suffisamment plats pour accueillir une infrastructure d'extraction. Leur étendue peut être importante (plusieurs dizaines de km^2), tandis que leur épaisseur atteint plusieurs dizaines de mètres localement, ce qui permet d'espérer une quantité d'eau exploitable suffisante. Enfin, la proportion d'eau est plus importante que pour le régolithe : les sulfates polyhydratés contiennent 20 % d'eau en masse, et les argiles, telles les smectites, environ 4 %. Dans un sol réel, *Curiosity* a mesuré 40 % de sulfates, soit en fin de compte une concentration d'eau de 8 % en masse. Cela constitue la plus forte concentration en surface, et confère aux sulfates le titre de meilleur candidat pour extraire l'eau.

La phase de cartographie orbitale des régions hydratées est bien avancée (cf. figure 4, p 26). Quels que soient la technique et le minéral retenus, tout reste à faire pour démontrer la faisabilité de l'extraction de l'eau sur le terrain martien, certes prometteur. C'est une étape incontournable qui fait l'objet d'études en laboratoire et qui pourrait être initiée sur Mars d'ici une dizaine d'années. L'exploration de *Curiosity* est précieuse pour quantifier l'eau dans les minéraux hydratés. Le second *Curiosity* qu'est la mission *Mars 2020* sera intéressant pour qualifier un autre site, le cratère *Jezero*. Ce cratère se trouve sur la dichotomie de Mars, au bord du bassin *Isidis*. Nous l'avons déjà indiqué, la composition du site est riche en argiles et en carbonates, preuve que des roches ont été hydratées par l'eau liquide. Non loin de l'équateur, il serait un bon candidat pour l'envoi d'un démonstrateur à échelle réduite d'extraction d'eau et de stockage.

De l'oxygène pour respirer

L'oxygène (O_2) est également une ressource consommée par l'équipage pour la respiration – qui le transforme en gaz carbonique. Même si des dispositifs de recyclage du CO_2 en oxygène existent déjà dans l'ISS, leur rendement est inférieur à 100 %. Bref, il sera nécessaire de produire cette molécule à partir du dioxyde de carbone, qui compose 96 % de l'atmosphère.

L'extraction sera plus facile que pour l'eau, quoique très consommatrice d'énergie car la réaction est endothermique (elle impose un apport de chaleur). Il suffit en effet de pomper du gaz atmosphérique, de le filtrer puis de le comprimer, et enfin de le transformer en oxygène et en monoxyde de carbone par une réaction chimique[1].

Fabriquer *in situ*

L'ISPP, pour *In Situ Propellant Production*, consiste à utiliser les ressources de Mars (ou de la Lune, ou même d'un astéroïde hydraté) pour fabriquer des ergols destinés à la propulsion. Les études montrent les avantages considérables que présente ce procédé – si sa faisabilité est démontrée, bien sûr. Pour la base martienne, l'ISPP permettrait d'alléger très significativement la masse du MAV dès lors que les ergols pour le décollage sont obtenus sur place[2].

Pour cette raison, la technologie de propulsion choisie mobilise des ergols que l'on peut obtenir dans l'espace. Le choix s'est porté sur des moteurs à oxygène et à méthane liquides, alors même que leur performance est moindre que d'autres couples d'ergols[3]. On peut estimer que la masse des seuls ergols, O_2 et CH_4, pour le décollage d'un MAV embarquant six personnes, dépasse les 30 t. À comparer à la masse du système pour produire ces deux molécules *in situ*, qui est dix fois moindre.

L'ISPP est-il indispensable au programme de l'homme sur Mars ? Difficile de répondre, tant le sujet est technique, complexe et a des impacts globaux sur le programme. Les contraintes du MAV incitent néanmoins à s'y pencher, car cela pourrait faciliter grandement sa réalisation et par là même l'ensemble du programme.

L'eau lunaire pour le transport vers Mars

La présence de glace d'eau dans le fond de cratères lunaires, continûment de nuit aux pôles Nord et Sud, est avérée par plusieurs missions orbitales. Plusieurs techniques de détection indépendantes permettent de l'attester. Mais cette glace n'est pas présente dans tous les cratères froids et n'est pas répartie de façon homogène dans ceux qui en sont pourvus, ce qui complique sérieusement la perspective d'extraction.

Analyser la glace lunaire

La sonde LCROSS est la seule à ce jour à avoir « touché » cette glace en 2009. La méthode a consisté à diriger le module de propulsion *Centaur* (chargé d'insérer la sonde LRO vers la Lune) vers un cratère où de la glace avait été identifiée. Le module de plus de 2 t a percuté le sol à 35 000 km/h, ce qui a éjecté une grande quantité de débris. Ils ont été analysés en temps réel par LCROSS, qui observait l'impact depuis une trajectoire voisine.

En quelques minutes, la mission se terminait avec l'impact de LCROSS à son tour. Le spectre des éjectas transmis en temps réel a fourni une quantification de cette eau : à peine quelques pourcents en volume, ce qui est relativement faible.

La première étape consistera à se poser au pôle Sud afin de quantifier cette eau tant en surface qu'en profondeur. Ensuite, un démonstrateur pour son extraction y sera envoyé afin de valider la méthode sur le terrain. La contrainte majeure est la très basse température qui règne au fond de ces cratères dans la nuit, donc sans énergie solaire disponible[4] : elle est le plus souvent inférieure à –200 °C, ce qui rend très difficiles le déploiement et le fonctionnement de systèmes mécaniques.

Enfin, des analyses récentes suggèrent que l'eau serait également présente dans le sol lunaire des pôles situés en dehors des cratères sombres. Si cela est confirmé et si cette eau s'avère exploitable, cela simplifierait considérablement son extraction : les systèmes déployés au sol pourraient profiter de l'énergie solaire sans être soumis à de très basses températures.

Pourra-t-on ou non atteindre cet objectif, qui dimensionne l'ensemble du programme ? Cela reste à être démontré. Tant qu'aucun engin ne s'est encore posé près ou sur cette glace, personne ne peut affirmer que son extraction sera possible. Mais, d'ici quelques années, la situation aura radicalement changé, avec l'atterrissage de plusieurs véhicules au pôle Sud et les premiers tests en configuration réelle.

L'eau des astéroïdes

La glace des pôles lunaires présente l'inconvénient supplémentaire de se trouver… à la surface de la Lune, donc dans un puits de gravité coûteux en énergie, à l'aller comme au retour. Pour pouvoir exploiter l'eau en vue du voyage vers Mars, il convient de l'envoyer en orbite lunaire, ce qui représente un « coût énergétique » significatif.

Une alternative serait de l'extraire de certains astéroïdes géocroiseurs[5] hydratés et de la transporter en orbite lunaire. En définitive, l'extraction depuis un corps à très faible gravité et le transport peuvent s'avérer moins coûteux en ergols et en masse que depuis la surface de la Lune. Des sociétés américaines comme TransAstra ont ainsi étudié la possibilité de récupérer un bloc de 5 à 7 m d'un astéroïde puis de l'insérer dans une enveloppe étanche. Le véhicule est équipé de grands miroirs, qui collectent la lumière du Soleil et l'injectent dans l'enveloppe afin de réchauffer le rocher. Une grosse vrille mécanique broie ce dernier pour favoriser la sublimation de l'eau le contenant, puis un système de pompage récupère cette eau, la purifie et la congèle afin de la stocker.

Toute cette procédure d'extraction est effectuée pendant le voyage de retour vers l'orbite lunaire, qui prendra plusieurs mois avant que le véhicule ne livre son eau à la station. Ce schéma très simpliste sera évidemment plus complexe à réaliser en pratique et aura un coût qui se chiffrera en milliards, vu la masse des véhicules en jeu.

Aujourd'hui, il est impossible de dire si l'ISRU sur la Lune ou sur des astéroïdes sera rentable et si elle fera partie intégrante du programme. Seule une démonstration en vol des procédés

9. En 2018, TransAstra a présenté son concept de capture d'un petit astéroïde (ou d'un bloc sur un astéroïde), en vue d'extraire l'eau qu'il recèle.

permettra de choisir celui qui devra être à la fois efficace, fiable et peu cher. Un critère sera la masse à injecter dans l'espace[6] pour réaliser le programme, car celle-ci est étroitement liée aux coûts financiers par le nombre de lancements à effectuer. Actuellement les efforts les plus visibles portent sur la Lune, mais l'option astéroïdale n'est pas pour autant abandonnée.

Une station-service en orbite lunaire

Dans cette démarche de recherche d'eau sur la Lune ou sur un astéroïde, la station spatiale en orbite lunaire deviendrait une « station-service » pour s'approvisionner en eau, voire en carburant. En effet, comme sur Mars (cf. p. 98), il serait également possible de transformer cette eau en ergols pour la propulsion, moyennant une complexification du procédé.

Alors que, sur le plan énergétique, il n'est pas rentable de décoller de la Lune pour aller sur Mars, il peut s'avérer intéressant de partir de l'orbite lunaire si vous y faites le plein de carburant. Cela est dû à la faible énergie requise pour quitter cette orbite (le surcroît de vitesse est de l'ordre de 1 km/s) depuis une orbite à haute altitude

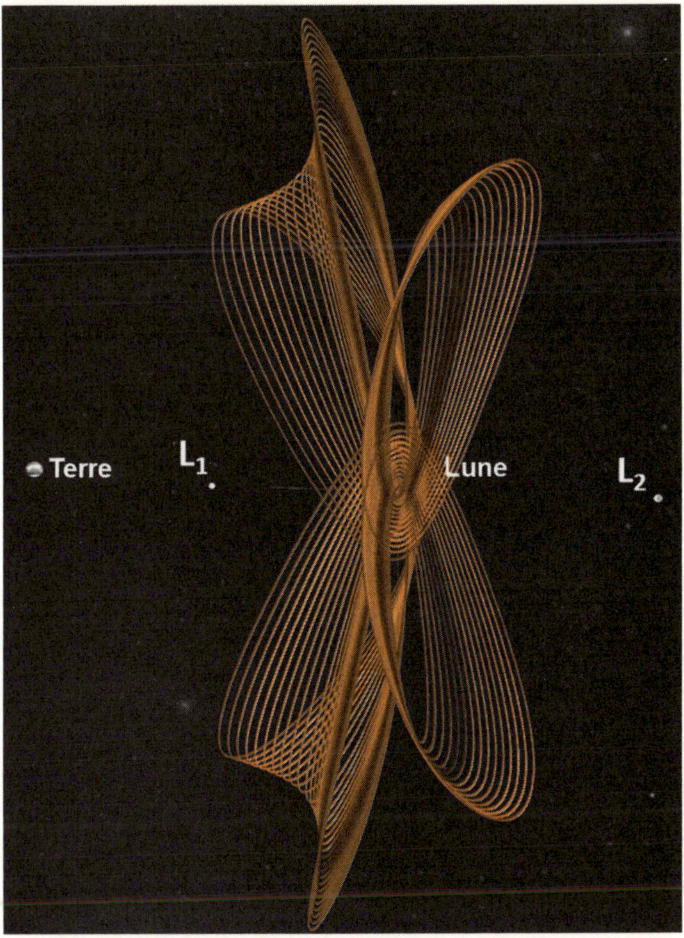

10. Orbites possibles de type NRHO (*Near Rectilinear Halo Orbit*) et leur évolution au cours du temps. Relativement stables dans le temps, ces orbites sont privilégiées pour la LOP-G. De plus, leur ellipticité les rend faciles d'accès tout en autorisant des excursions à la surface.

et elliptique (cf. figure 10, et encadré p. 124). Les fenêtres de lancement vers Mars seraient les mêmes que depuis la Terre, à ceci près que le vaisseau sera amené à faire un survol de la Terre afin de dévier sa trajectoire pour aller vers Mars.

Des minéraux à l'hélium 3

L'engouement pour l'eau dans l'espace vient de ce que la NASA est prête à acheter cette ressource pour ses propres besoins. Cette perspective commerciale n'est pas unique, et, afin d'être exhaustif sur la question des ressources, il convient d'aborder celles qui suscitent un intérêt, principalement aux États-Unis, mais aussi au Luxembourg et ailleurs. Il s'agit des minerais extraits des corps célestes et de l'hélium 3. Dans ce cas, l'enjeu commercial tient à ce qu'elles pourraient être extraites à moindre coût que sur Terre, surtout pour celles dont les prix pourraient augmenter fortement, comme certaines terres rares soumises à la demande croissante de l'industrie des hautes technologies. Pour ce qui est des minerais sur la Lune et Mars, à ce jour aucun n'y a été repéré ayant une perspective commerciale. Les deux astres sont en effet constitués essentiellement de roches volcaniques (et de roches sédimentaires pour Mars), sans intérêt minier particulier.

D'ailleurs, les start-up orientées exploitation s'intéressent surtout aux nombreux astéroïdes (860 000 sont identifiés aujourd'hui), afin de rechercher des terres rares. La composition de ces corps est mal connue et très diverse de l'un à l'autre. Certains sont qualifiés de métalliques de par leur signature spectrale : on pense qu'ils résultent de la formation d'un gros astéroïde différencié (cf. p. 15) qui aurait été pulvérisé par impact, mettant à nu le noyau riche en métal. Afin de mieux les connaître, la NASA a décidé d'envoyer une mission explorer l'astéroïde métallique Psyché, mais celle-ci n'arrivera à destination qu'en 2026.

Les spécialistes des météorites (on en compte plus de 40 000 dans les collections) connaissent bien leur composition, y compris celle des météorites dites métalliques. Variable d'une météorite à l'autre, elle s'établit généralement à environ 80 % de fer et 20 % de nickel, le 1 % restant représentant divers métaux dont principalement du cobalt. À ces concentrations, il est douteux que l'on puisse exploiter les terres rares d'un astéroïde, sauf évidemment à trouver la « perle rare » qui serait anormalement enrichie en ces métaux peu répandus et chers. Tant que l'on n'aura pas déniché cet objet atypique – et encore une fois les météorites métalliques n'incitent pas à l'optimisme –, l'exploitation minière des terres rares ou des éléments dérivés du platine de ces petits corps est peu crédible.

Cependant, d'autres ressources locales sont également exploitables. Il s'agit alors de fabriquer par impression 3D des modules (type hangar), ou bien de déposer sur les modules d'habitation un revêtement protecteur contre les radiations. De nombreuses études sont menées dans le monde, y compris en Europe, le procédé paraissant techniquement à notre portée. Il faudra toutefois apporter l'imprimante[7] avec sa « colle » devant être mélangée au régolithe, puis la faire fonctionner dans l'environnement local, même si celui-ci est très différent entre la Lune et Mars, tant en matière de pression que de fluctuations de température.

Une dernière ressource est souvent évoquée pour la Lune : c'est l'hélium 3. Il s'agit d'un isotope stable de l'hélium habituel, un gaz rare chimiquement inerte. La proportion de ^{3}He est extrêmement faible sur Terre (7.10^{-12} par molécule de l'air), ce qui rend son exploitation impossible.

Son intérêt est qu'il pourrait servir de carburant pour un réacteur à fusion thermonucléaire. Aujourd'hui, le principal projet de fusion en préparation (ITER) a choisi le couple d'isotopes deutérium-tritium pour déclencher la fusion, car c'est la plus facile à réaliser. La fusion à l'hélium 3 serait plus ambitieuse, la température à atteindre étant plus élevée. Son immense avantage est que la réaction ne libère pas de neutrons, avec comme conséquence que le réacteur n'est pas (extrêmement) radioactif. En quelque sorte, la fusion à l'hélium 3 est considérée comme le graal de la production d'énergie par réaction nucléaire.

Or la Lune est bombardée en permanence par les ions du vent solaire, et certains de ces ions sont précisément des atomes d'hélium 3. Selon une estimation, le régolithe lunaire contiendrait environ 100 000 t de ^{3}He, tandis que la Terre n'en posséderait au total que 500 kg. Son extraction n'est guère difficile : en voici le principe. Des (gros) engins de chantier prélèvent des tonnes de régolithe à l'aide de pelles, les déversent dans une cuve qui est fermée et chauffée. Les gaz extraits sont purifiés. La partie la plus délicate sera alors de séparer ^{4}He et ^{3}He. Les effets environnementaux dus au brassage de tonnes de poussières, dont on sait qu'elles restent facilement en lévitation[8], sont catastrophiques, au moins localement, et leurs conséquences totalement inconnues. Mais les chiffres laissent rêveur : 10 t de ce précieux gaz assureraient les besoins énergétiques de la Chine pendant un an !

La principale difficulté est de maîtriser la fusion nucléaire à ^3He, ce qui rend cette technologie envisageable seulement dans la seconde moitié de ce siècle.

Le droit à l'exploitation

La perspective d'exploiter les ressources des planètes ou des astéroïdes soulève des questions d'ordre juridique. En 1967, le premier traité de l'espace stipulait que nul ne pouvait s'approprier la Lune et les corps célestes. Ces corps ont un statut similaire à celui de la haute mer, qui appartient à l'humanité. En 1979, le second traité est plus explicite et ambitieux :

> *La Lune ne peut faire l'objet d'aucune appropriation nationale par proclamation de souveraineté, ni par voie d'utilisation ou d'occupation, ni par aucun autre moyen.*
>
> *La surface et le sous-sol de la Lune ne peuvent être la propriété d'États, d'organisations internationales intergouvernementales ou non gouvernementales, d'organisations nationales, qu'elles aient ou non la personnalité morale, ou de personnes physiques. [...]*
>
> *5. Les États parties au présent Accord s'engagent à établir un régime international, y compris des procédures appropriées, régissant l'exploitation des ressources naturelles*

de la Lune lorsque cette exploitation sera sur le point de devenir possible.

À noter que le traité de 1979 fut un échec, puisqu'il n'a été signé que par 19 pays (seuls 5 l'ont ratifié et sont juridiquement tenus de l'appliquer) et par aucun pays disposant d'un programme de vols habités (les États-Unis, la Russie, la Chine, l'Inde et les États membres de l'ESA ne l'ont pas ratifié). Pire : les États-Unis ont fait voter en 2015 le *Space Act*, qui autorise l'exploitation de ces ressources par des entreprises privées, qui en auront la propriété. De son côté, le Luxembourg a fait approuver en 2017 un cadre juridique conférant aux entreprises privées qui ont leur siège dans ce pays le droit d'exploiter les ressources spatiales.

Ces aspects légaux font couler beaucoup d'encre et suscitent nombre de discussions et de commentaires, mais, *in fine*, on peut penser que le cadre juridique s'adaptera à l'exploration, y compris à l'exploitation des ressources et non l'inverse. La contestation viendra des scientifiques qui s'alarmeront si ces activités ont des impacts sur les générations futures. Par exemple, l'exploitation de l'hélium 3 soulèvera beaucoup de poussières qui rendront le site inexploitable scientifiquement par endroits, avec des risques d'expansion dramatiques qu'on ne sait pas évaluer aujourd'hui.

Chapitre 10

Dans les arcanes de la base martienne

De quoi serait constituée une base martienne ? En simplifiant, elle compterait quatre entités : les modules de vie (habitation, culture alimentaire, travail), les véhicules mobiles pressurisés, la centrale à énergie et les systèmes de communication. Les bases d'hivernage en Antarctique sont une bonne analogie où l'on retrouve ces entités. Une particularité est que tous ces modules doivent être envoyés depuis la Terre et se poser sur Mars à l'aide d'un module propulsif. Ceux de vie sont en outre appelés à être reliés, ce qui nécessite une certaine mobilité (ceux d'énergie et de communication également, mais via des câbles). Soit un véhicule de transport de modules (de type porte-palette) est sur place, soit chaque module devra être équipé de roues pour se déplacer de façon autonome.

Les modules de vie dériveront nettement de ceux présents dans l'ISS. Mais d'autres seront nouveaux, comme les modules pour les cultures de plantes destinées à nourrir l'équipage. Il semble certain que les cinq cents jours de mission à la surface de Mars impliqueront de faire pousser des fruits et des légumes, tout ne pouvant être apporté depuis la Terre.

Des premières cultures dans l'espace (à bord de l'ISS par exemple) ont validé le concept : il suffit d'un support synthétique et d'un apport en nutriments, et en eau, sans oublier la lumière nécessaire. À ma connaissance, aucune analyse détaillée du dimensionnement de ces systèmes de culture dans l'espace (surface cultivée) prenant en compte leur rendement (durée de pousse) n'a été réalisée, de sorte que la démonstration de leur faisabilité et l'estimation de la masse de l'ensemble du système posent encore question.

Que faudra-t-il mettre en œuvre pour nourrir six personnes pendant un an et demi ? C'est encore l'inconnu ! Le sol de Mars est-il utilisable pour ces cultures en remplacement des supports synthétiques hors sol ? Rien n'est moins sûr : ce sol, constitué de poussière et de sable de roches sans aucune matière organique, est de surcroît très oxydant, donc incompatible en l'état avec la pousse de graines. Un traitement préalable du sol le rendrait-il utilisable, c'est-à-dire habitable ? C'est à étudier. Une certitude : les cultures auront lieu dans des modules pressurisés et pas à même le sol de Mars sous une « cloche ». La raison est qu'il est pratiquement impossible de rendre cette cloche artificielle étanche, entre les 7 mbar de l'extérieur et les 700 à 800 mbar dans les serres artificielles.

Le « support vie » est le terme employé par les agences : il regroupe tous les systèmes nécessaires à la vie d'un équipage : production d'oxygène, recyclage du CO_2, régulation thermique, cultures, alimentation, etc. Ces systèmes sont déjà à l'œuvre en orbite basse, mais il s'agira de les redimensionner, de les fiabiliser et de les adapter à l'environnement martien. Avec en particulier, nous l'avons pointé, l'impératif de la production de l'oxygène et de l'eau sur place.

Quelle énergie ?

La base aura besoin d'être approvisionnée en énergie. Alors que son alimentation électrique ne nécessitera que de l'ordre d'une dizaine de kW (1 kW = 1 000 W) pour fonctionner, les systèmes

ISRU et ISPP en consommeront beaucoup plus. Pour produire cette électricité, deux options sont possibles : le solaire et le nucléaire.

Dans la version utilisant des panneaux voltaïques, ceux-ci n'étant alimentés que la moitié du temps, la puissance produite de jour devra atteindre la centaine de kW. La surface de panneaux devra être importante et prendre en compte le risque lié aux tempêtes de poussière susceptibles de les recouvrir, au point de mettre en danger la vie des astronautes.

Ce paramètre incite fortement à considérer l'alimentation en énergie continue que propose le nucléaire. Dans ce cas, la puissance requise est de l'ordre de 40 kW. En définitive, la masse d'un réacteur nucléaire serait beaucoup plus légère que les panneaux solaires, sachant que ces derniers sont beaucoup moins fiables que le nucléaire.

Le revers de la médaille ? Le coût de fabrication, la durée de développement et les risques au lancement, bien sûr. Afin de limiter la menace environnementale, une option consisterait à lancer un réacteur, qui n'aurait pas encore fonctionné (ou divergé) et qui ne serait pas radioactif (ou le serait peu). Ce n'est qu'arrivé sur une orbite de sécurité, à plus de 2 000 km, que le réacteur serait mis en route et testé, avant d'être propulsé vers Mars. Le recours au nucléaire est critique pour le programme, mais sa faisabilité n'étant aucunement garantie, il représente un aléa potentiel important.

Comment construire la base

La construction d'une base sur Mars n'a pour l'instant fait l'objet que d'études très préliminaires, et seuls les grands principes sont identifiés. L'hypothèse retenue est qu'elle devra être opérationnelle sur place avant l'envoi des hommes. En un mot, sa construction devra se faire par téléopération, soit depuis la Terre, soit depuis l'orbite martienne si cette solution est possible. Dans le premier cas, les robots mobiles devront être pourvus d'une grande autonomie, car les signaux de commandes n'arriveront qu'une fois par jour : les robots devront agir de façon autonome pendant la journée d'activité.

Autre contrainte, tous les modules devront être envoyés dans les une ou deux fenêtres martiennes précédentes, soit deux ou quatre années plus tôt. L'installation de la base imposera de disposer les modules côte à côte, afin de les connecter par un passage pressurisé. La mise en route de la centrale nucléaire est supposée être très simple de fonctionnement. Elle sera reliée à la base par un long câble électrique afin de ménager une distance de sécurité entre les deux.

La partie la plus complexe sera la mise en œuvre sur Mars de l'infrastructure d'exploitation des ressources (ISRU) et de leur transformation en ergols (ISPP), ici encore de façon autonome et téléopérée à distance.

La complexité de réalisation de cette base de façon automatique pourrait inciter la NASA à prévoir une étape préalable, notamment l'envoi d'hommes en orbite martienne avec la possibilité de descente régulière au sol pour de courts séjours. Ici aussi, de larges incertitudes demeurent sur cet aspect ultérieur du programme.

Chapitre II

Un projet par étapes

Le programme *Apollo* a été déclenché suite au fameux discours de J.F. Kennedy de mai 1961. La NASA s'est alors mise en ordre de bataille afin d'envoyer un homme sur la Lune « avant la fin de la décennie ». Cet objectif calendaire était extrêmement ambitieux, compte tenu de l'effort à entreprendre. La NASA a mené le programme globalement, en développant en parallèle l'ensemble des véhicules et des modules nécessaires à la mission : la fusée *Saturn V*, le *Command Module*, le LM, la jeep lunaire et les instruments scientifiques des stations ALSEP (*Apollo Lunar Surface Experiments Package*) comme le sismomètre, les réflecteurs laser, les gravimètres, etc.

Le mot d'ordre du programme était explicite : « Peu importe le coût, pourvu que vous soyez à l'heure. » Le résultat ? Le budget de la NASA, qui était de 500 millions de dollars lors du discours de Kennedy, a plafonné en 1965 au niveau astronomique de 25 milliards de dollars[I], soit environ 5 % du budget fédéral. Aujourd'hui, ce budget se situe autour de 20 milliards, dont la moitié est consacrée aux vols habités. Cette proportion est un héritage direct d'*Apollo* et un cas unique dans le monde.

Pour l'homme sur Mars, les experts du NRC et de la NASA sont convaincus qu'un scénario similaire (tout en parallèle) est inenvisageable – le Congrès américain s'y opposera. L'hypothèse raisonnable retenue est que le budget de la NASA augmentera de 2 % par an au maximum. Conséquence immédiate, ce que prônent la Mars Society de Robert Zubrin ainsi que Buzz Aldrin lui-même, c'est-à-dire un programme « direct » d'envoi de l'homme sur cette planète, est exclu !

Pathways

Le rapport du NRC utilise le mot *pathways* pour définir les étapes stratégiques qu'il faudra choisir pour aller de la situation actuelle, aujourd'hui l'orbite basse où se trouve l'ISS, à la surface de Mars. Ces étapes possibles sont multiples. Toutes ne seront pas utilisées, et elles présentent chacune des avantages et des inconvénients, que la NASA devra soigneusement peser au moment du choix.

Faire étape sur un astéroïde ?

Le « passage » par un astéroïde géocroiseur est une étape possible qui permettrait de développer les véhicules nécessaires à des vols habités lointains et de longue durée (de six mois à plus d'un an). Pour ce qui est du transport et de l'habitat pendant le voyage, ce véhicule serait très voisin de celui nécessaire pour atteindre Mars. Cette étape a été le choix de Barack Obama. Peu après son élection, en 2010, il a en effet annulé le programme *Constellation* de retour sur la Lune (cf. p. 8-9 et 150), au profit d'une mission vers un astéroïde. La raison essentielle était son coût bien moindre, à court terme, que le programme lunaire envisagé.

Au-delà du transport, la mission sur l'astéroïde ne présente pas de difficultés considérables, du fait de la faible gravité de l'objet. Le véhicule de transport et de vie se maintiendrait à une distance proche, tandis que les hommes réaliseraient des sorties extravéhiculaires sur le corps, équipés de véhicules qui s'apparentent à une chaloupe ou un scooter individuel. Cette option a été étudiée pendant deux ans puis abandonnée. Une des difficultés rencontrées était de trouver un astéroïde qui permette d'effectuer la mission aller-retour en six mois, ce qui est très peu si l'on compare aux missions scientifiques d'étude d'un astéroïde, comme *Hayabusa 2* et *Osiris Rex*, qui font l'aller et retour en plus de cinq ans !

... et sur la Lune ?

Du fait de sa proximité de la Terre et de l'existence potentielle de ressources, la Lune est une étape intéressante en préparation de Mars. Un des arguments mis en avant était que concevoir une base habitée lunaire permettrait de développer les modules et les systèmes qui seraient peu ou prou réutilisables pour une base sur Mars. Deux variantes sont préconisées : soit des « sorties » sur la Lune, c'est-à-dire des missions du type *Apollo*, soit un *outpost* (« poste avancé ») à sa surface pour des séjours de plusieurs mois.

Situé au pôle Sud, cet *outpost* est en fait une base semi-permanente. Si les missions de sortie lunaires nécessitent de développer quatre véhicules réutilisables sur Mars, l'*outpost* en exige sept, à comparer aux onze véhicules requis pour la surface de Mars. En somme, l'étape lunaire constitue un banc de tests et de démonstrations efficace des systèmes à bâtir pour Mars.

Des missions martiennes préalables

Ces missions que sont le survol, la mise en orbite autour de Mars et la mission sur Phobos ont été décrites précédemment (cf. p. 63). Mis à part la mission sur Phobos qui est plus scientifique que programmatique, les deux autres seront probablement réalisées après l'étape lunaire et la LOP-G à des fins de démonstration préalable[2].

Le survol de Mars aura un fort impact symbolique et médiatique – pour la première fois, des hommes voyageront jusqu'à la planète rouge. Il est également nécessaire pour valider les missions lointaines de longue durée, typiquement un à deux ans.

2015-2018, la NASA fait ses choix stratégiques

Dix-huit mois après la publication du rapport du NRC, la NASA a présenté son programme *Journey to Mars*, qui inclut les premiers choix stratégiques majeurs pour la réalisation de l'homme sur Mars. Il a été suivi par un rapport interne au printemps 2017 et à nouveau, en septembre 2018, par le rapport « National Space Exploration

Campaign ». Dans ce programme, les étapes choisies sont décrites chronologiquement.

- Construction de la *Deep Space Gateway* dans les années 2018-2026.
- Réalisation de sorties sur la Lune vers 2028.
- Premières missions habitées vers Mars à partir de 2030.

La DSG (*Deep Space Gateway* ou « Portail pour l'espace lointain ») est une station spatiale en orbite lunaire, passage obligé des futures missions vers Mars. Cette station est une « ISS en modèle réduit » située à 380 000 km de la Terre. Elle permettra de développer les véhicules de transport pour l'espace lointain, mais aussi d'apprendre à opérer une station lointaine avec une grande autonomie. Elle sera enfin la porte d'entrée pour des sorties vers la surface de notre satellite.

En 2018, la DSG est rebaptisée *Lunar Orbital Platform-Gateway* (LOP-G pour « Portail en orbite lunaire »).

Le choix de l'orbite

Du fait de la présence de la Terre, les véhicules en orbite lunaire évoluent sur des orbites qui sont instables et qui se modifient au cours du temps : l'excentricité augmente (l'orbite s'écarte du cercle) tandis que le périlune (le point le plus proche de l'astre) s'abaisse progressivement, jusqu'au crash à la surface. C'est pour cela que les orbiteurs *Smart 1*, *Selene* et *Ladee* se sont écrasés après seulement un à deux ans autour de la Lune. La DSG sera positionnée sur une orbite très particulière, appelée *Near Rectilinear Halo Orbit* (NRHO, ou orbite de halo allongée).

Ces orbites NRHO présentent une bien meilleure stabilité que leurs pendants habituels. Elles sont elliptiques, évoluent entre 3 000 et 7 000 km de la surface et sont parcourues en sept jours. Ainsi, tous les sept jours, il sera possible de partir de la DSG pour descendre à la surface et inversement, l'énergie à dépenser étant bien moindre que depuis la Terre. L'orbite est en visibilité permanente de la Terre – ce qui assure des communications continues – ainsi qu'un ensoleillement permanent – ce qui garantit une alimentation électrique sans éclipse. Enfin, l'orbite NRHO autorise un départ aisé vers Mars, d'où son nom.

Un portail en orbite lunaire : la LOP-G

C'est une station spatiale constituée de sept modules, qui devait initialement être réalisée entre 2022 et 2026. Des séjours de trente à quarante jours étaient envisagés à bord, sans pour autant que la station soit occupée en permanence. Cinq partenaires (États-Unis, Russie, ESA, Japon et Canada) se sont engagés à des niveaux divers à y participer, la NASA ne réalisant que quatre des sept modules (outre le transport vers la Lune).

L'Europe envisageait de fournir un module logistique (*Esprit*) en 2023 et un module d'habitation (*I-Hab*) avec le Japon en 2024. La station devait être le point de départ pour de courts séjours à la surface de la Lune. À plus long terme, elle pourrait évoluer vers une station-service pour remplir les réservoirs des véhicules en partance vers Mars (cf. p. 98).

Le calendrier initial prévoyait de n'envoyer des hommes à la surface de la Lune qu'en 2028, mais le président Donald Trump en décide autrement. En décembre 2018, il signe la *Space Policy Directive 1*, qui donne mandat à la NASA d'accélérer le calendrier et d'envoyer des hommes sur la Lune en 2024, date de la fin de son second mandat présidentiel présumé.

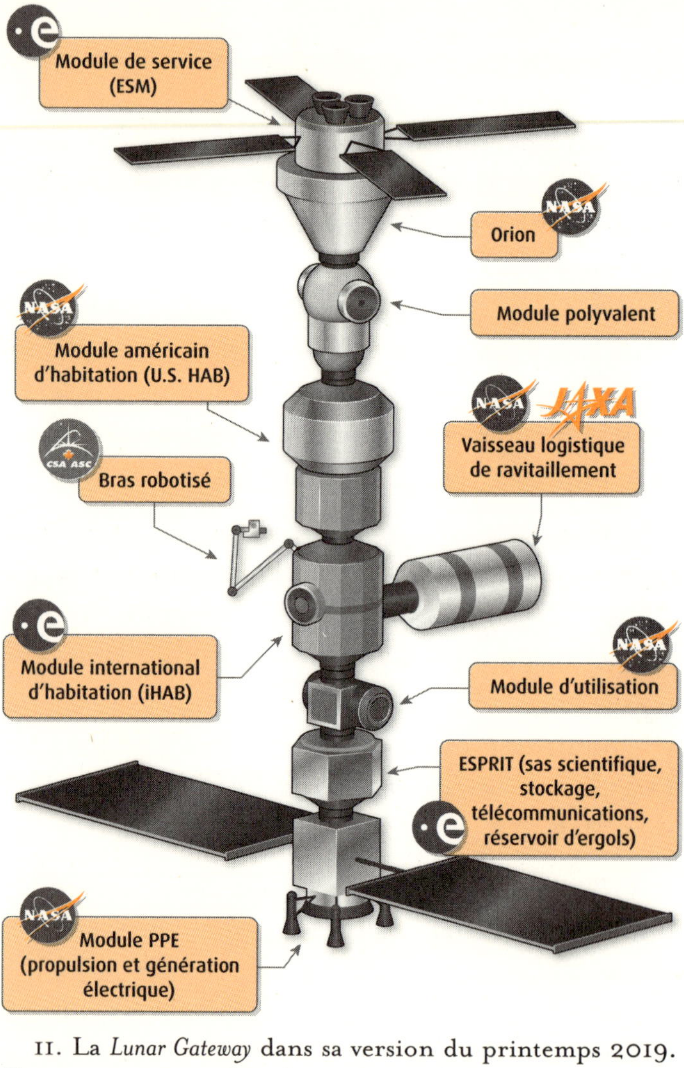

11. La *Lunar Gateway* dans sa version du printemps 2019. Cette station en orbite lunaire a précédemment porté le nom de *Deep Space Gateway* puis de *Lunar Orbital Platform-Gateway* – autant d'évolutions du programme voulues par la NASA ou la Maison Blanche.

Cette intervention de la Maison Blanche oblige la NASA à modifier drastiquement sa stratégie afin de satisfaire cette exigence. La LOP-G est alors réduite au minimum nécessaire : un module de propulsion, un module d'habitation et un module logistique avec sas de connexion. Conséquence, les modules des partenaires sont remis à plus tard ! Surtout, l'agence américaine doit développer en urgence l'atterrisseur, *Artemis*, afin de poser un équipage sur la Lune.

Début 2020, à l'heure où ces lignes sont écrites, le sentiment qui domine est que le calendrier de 2024 ne sera pas tenu. La NASA a évalué à 30 milliards de dollars le besoin supplémentaire pour accélérer le processus et développer *Artemis* dans le calendrier imposé. Or le Congrès américain rechigne à octroyer le financement supplémentaire, le projet étant jugé davantage politique que dûment articulé dans une stratégie cohérente.

Et du côté de la coopération internationale ?

Le niveau particulièrement élevé du budget requis pour cette entreprise justifie aux yeux du comité du NRC de prendre en compte la présence d'un (ou des) partenaire(s) afin de partager les coûts. Certes, la participation d'un partenaire induit diverses contraintes de management, avec comme conséquence d'augmenter les coûts américains. Sans oublier que tout partenaire est susceptible de se retirer à tout moment, ce qui induit un risque programmatique. Pour que la baisse des dépenses soit réellement significative et qu'elle justifie le risque, il est donc optimal d'avoir un partenaire majeur (quoique minoritaire) et d'éviter la présence de multiples petits partenaires, complexes à gérer.

Dans le monde spatial d'aujourd'hui, cinq partenaires ont un savoir-faire dans ce domaine : l'Europe, la Russie, la Chine, le Japon et le Canada (voire l'Inde). Même si l'Europe à travers l'ESA est un partenaire fiable et compétent, et si elle est attractive, elle ne saurait pour autant prétendre être ce partenaire majeur. Son niveau d'investissement dans les programmes habités reste en effet structurellement modeste, et une forte croissance de ce secteur de ce côté de l'Atlantique n'est pas envisagée, chaque État membre ayant des politiques diverses dans ces programmes, qui sont avant tout politiques.

La Russie, de son côté, a beaucoup perdu de sa superbe par rapport aux années 1960 et a peu investi dans les technologies de pointe. Hormis le domaine des lanceurs et des vols habités, les perspectives de coopération ne pourront pas atteindre les niveaux d'implication nécessaires.

En conclusion, seule la Chine, dont le secteur spatial est en forte croissance depuis des décennies et qui affiche de grandes ambitions dans le domaine des vols habités, constitue le partenaire potentiellement le plus attractif pour les États-Unis. En effet, les autorités chinoises ont averti depuis plusieurs années qu'elles enverront un homme sur la Lune dans les années 2030. De fait, depuis une décennie, notamment avec le programme lunaire *Chang'e*, les annonces chinoises se sont concrétisées par des succès et les calendriers ont été respectés[3].

Cependant, la Chine est vue par le Congrès américain comme une menace dans les secteurs stratégique, économique et commercial, et celui-ci interdit toute coopération directe dans le spatial. Bref, le schéma idéal, qui ferait gagner un temps précieux si la Chine et les États-Unis travaillaient la main dans la main, n'est pas près de voir le jour ! D'autant que l'attitude du président Trump va plutôt dans le sens d'un durcissement des relations entre les deux pays. Peut-on imaginer un apaisement ? Tout est possible sur le long terme, mais l'expérience passée et actuelle incite au pessimisme. Collaborer nécessite une confiance réciproque qui ne peut s'établir que dans la durée, ce qui est loin d'être acquis...

En définitive, les partenaires habituels (Canada, Europe, Japon, Russie) des États-Unis se sont déjà positionnés en faveur d'une participation au programme américain. Mieux : ils se sont déjà engagés à des niveaux divers sur la LOP-G, à hauteur de 40 % des modules. Toutefois, alors que les États-Unis ne sont pas encore dans la phase de développement coûteuse qui atteindrait une dizaine de milliards annuels, les partenaires ne pourront pas faire beaucoup plus pour alléger la facture américaine : leur contribution ne se monterait qu'à environ 10 % de cette dernière.

Chapitre 12

De nouveaux partenariats public privé

Depuis une vingtaine d'années, des acteurs privés inédits ont pris une place de plus en plus importante aux États-Unis et progressivement ailleurs. Créée en 2002, la société SpaceX du bouillant manager Elon Musk compte aujourd'hui environ 6 000 personnes. Jeff Bezos n'est pas en reste : il a créé en 2000 la société Blue Origin, qui compte aujourd'hui 2 000 employés. Bezos injecte de sa fortune personnelle 1 milliard de dollars chaque année dans sa société. Le lanceur suborbital *New Shepard* de Blue Origin a effectué son premier test en 2005 et en est aujourd'hui à onze lancements de qualification. Il est destiné à terme à envoyer des touristes dans l'espace, pour un vol parabolique d'une quinzaine de minutes.

Fin 2016, Bezos a annoncé son intention de développer un lanceur (très) lourd, le *New Glenn*, capable d'injecter 45 t en orbite basse. Et en mai 2019, l'entrepreneur d'Amazon a présenté au public son atterrisseur lunaire, *Blue Moon*, capable de déposer sur notre satellite en 2024 une charge utile de 4,5 t. *Blue Moon* pourrait alors représenter un candidat sérieux pour envoyer des hommes sur la Lune, selon les vœux de Donald Trump.

Du côté de SpaceX, le succès fulgurant du *Falcon 9* a bouleversé le marché des lanceurs en cassant les prix de l'accès à l'espace. Il a certainement été la cause principale de l'accélération de la réalisation du nouveau lanceur européen *Ariane 6*. Par ailleurs, la réutilisation des premiers étages de la fusée, en les faisant atterrir, est une petite révolution dans ce domaine, même si le bilan économique est encore incertain. SpaceX a qualifié par deux fois son *Falcon Heavy* capable d'envoyer près de 20 t vers la Lune. Mais les ambitions d'Elon Musk sont sans limites : il a proposé, dès 2016, le *Big Falcon Rocket* (BFR), capable d'envoyer plus de 100 t vers la Lune. Le BFR, s'il est un jour construit, serait le lanceur le plus puissant jamais réalisé. Mais SpaceX a-t-il les reins assez solides pour financer sur ses fonds propres le développement du BFR ? Rien n'est moins sûr.

Forte de l'arrivée de ces acteurs privés dans le spatial, la NASA a modifié ses relations commerciales avec ces entreprises. Au lieu de financer comme d'habitude la réalisation d'un véhicule par un industriel, elle achète dorénavant le service d'utilisation de ce véhicule. Ce dernier reste la propriété de l'industriel, tandis que la NASA passe un contrat de service où elle s'engage à commander un certain nombre de lancements et à rétribuer l'industriel lorsque la charge utile a été livrée à destination[1]. Ces contrats sont actuellement en œuvre pour la livraison de fret à l'ISS et bientôt pour le transport d'équipages. Ainsi, une trentaine de livraisons de fret ont eu lieu à l'aide de la capsule *Dragon* de SpaceX et du cargo *Cygnus* de Northrop Grumman.

« Amazon » sur la Lune ?

Ces contrats de service sont maintenant étendus jusqu'à la Lune. Fin 2018, la NASA a sélectionné ainsi onze sociétés américaines chargées de livrer à sa surface des charges utiles scientifiques ou technologiques. En mai 2019, trois d'entre elles ont reçu un financement de 80 à 100 millions de dollars pour développer l'atterrisseur : il s'agit du lander *Peregrine* d'Astrobotic, du *Nova-C* d'Intuitive

Machines et du *Z-01* d'OrbitBeyond, cette dernière ayant été écartée depuis. Le premier lancement est prévu dès 2020 et la cadence devrait être d'un à deux par an.

La NASA a alloué 2,6 milliards de dollars sur dix ans dans le cadre de ce programme, appelé CLPS (*Commercial Lunar Payload Services*). Cette somme importante montre que l'agence accorde une forte priorité au programme, ce qui le rend attractif pour le privé. Les objectifs sont multiples, qu'ils soient scientifiques, technologiques ou de « science appliquée ». Cette dernière discipline concerne l'exploration de la Lune et en particulier de son pôle Sud, afin d'y rechercher la présence de glace d'eau (cf. p. 99-100). En effet, si les mesures en orbite indiquent que de la glace d'eau est présente dans le proche sous-sol, personne à ce jour n'est allé sur place pour faire de la prospection plus quantitative. Or ces mesures préalables sont indispensables avant d'envisager d'exploiter en vraie grandeur cette glace. Suivant la quantité d'eau que l'on trouvera et les endroits où elle se trouve (au fond de cratères très froids ou hors de ces cratères), la faisabilité pratique d'une extraction pourra être étudiée et testée sur le terrain. Ce domaine est extrêmement prometteur pour la suite du programme, mais sans aucune garantie de succès...

L'homme sur Mars selon Elon Musk

Elon Musk veut coloniser Mars d'ici quarante à cent ans ! Il présente de beaux visuels montrant sa conception d'une base martienne. Cinq pistes pour l'atterrissage vertical du *Raptor*, la navette spatiale de SpaceX pouvant embarquer une centaine de personnes. Ces pistes sont reliées par des routes jusqu'à une véritable ville de plusieurs milliers de personnes, comptant plus de 300 modules qui nécessitent autant de décollages de la BFR pour les envoyer sur site…

Si on estime à quatre le nombre de lancements par fenêtre martienne, il faudra cent cinquante ans pour que la base soit telle qu'Elon Musk l'imagine. Comment un tel gigantisme peut-il être envisageable ? Comment le financer ? Pour Musk, le XXIe siècle sera celui de la colonisation de Mars. Par colonisation, il faut comprendre un aller simple sur la planète, pour y rester et fonder une colonie, en autonomie totale de la Terre. Pour l'entrepreneur, c'est une nécessité, car la Terre sera de plus en plus invivable, polluée et soumise au réchauffement climatique. Or « SpaceX entend apporter *la* solution ». Ceux qui ont de gros moyens pourront quitter cette Terre afin de finir leur vie sur Mars.

Cette issue de secours aux calamités à venir ici-bas entend fournir une planche de salut aux plus fortunés. Il faut bien avouer que les partisans du projet ne sont pas les premiers à défendre la biodiversité sur Terre et à inciter à la préserver... Cette démarche n'est somme toute pas très éloignée de celle des climatosceptiques, qui nient en bloc le réchauffement climatique afin de perpétuer leurs activités lucratives à court terme, sans se préoccuper de l'environnement et des conséquences sur le long terme.

Mais oublions ce projet très futuriste et peu réaliste, et qui se situe au-delà de l'horizon 2050, voire 2100, et revenons à ici et maintenant. SpaceX a démontré avec son *Falcon 9*, son *Falcon Heavy* et la récupération des premiers étages qu'il était crédible. Son projet de BFR, rebaptisé *Super Heavy/Starship*[2], peut-il changer la donne et accélérer le calendrier vers Mars ? À l'été 2019, le *Starhopper*, un démonstrateur réduit du *Starship*, a effectué des premiers essais en culminant... à 150 m lors d'un vol d'environ une minute. Le but de ces tests est de mettre au point le nouveau moteur *Raptor* fonctionnant à l'oxygène et au méthane, deux molécules que l'on peut théoriquement fabriquer sur Mars.

Musk annonce le lancement de son gros lanceur en 2024. Mais a-t-il les moyens de le financer sur fonds propres ? Rien n'est moins sûr ! La stratégie a surtout pour but de convaincre la NASA de le soutenir financièrement, comme elle l'a fait pour le *Falcon 9* et la capsule *Dragon* vers l'ISS. L'agence américaine a bien vu l'avantage qu'elle pouvait tirer d'un *Falcon 9* moins cher : elle pourrait donc arriver à la même conclusion avec le *Starship*.

Quoique… la NASA a en effet initié son propre lanceur lourd, le SLS, conçu en 2011. Son développement devait coûter 10 milliards jusqu'au premier lancement, mais il a déjà consommé 17 milliards au printemps 2019. À ce niveau d'engagement, il est très probable que le point de non-retour soit atteint et que le SLS volera dès 2021, même si l'addition doit dépasser 35 milliards, y compris opérationnellement, à 1 milliard le lancement !

Dans ce contexte, envisager de soutenir le *Starship* présente un risque politique et financier que la NASA hésitera à prendre. Mais, aux États-Unis, les revirements dans ce domaine sont fréquents, et nul ne sait ce qu'il peut se passer dans cinq ans, si, par exemple, le SLS ne satisfaisait pas aux besoins ou s'il subissait plusieurs échecs. Le Congrès pourrait alors s'intéresser à SpaceX. Pendant ce temps, la start-up continue ses développements, alors que beaucoup pensent qu'il n'aura pas les moyens de les mener à terme sans financement public. Enfin, on l'a vu, un lanceur, aussi gros soit-il, ne suffit pas, et les nombreux modules à concevoir ne sont pas dans la stratégie et le savoir-faire de SpaceX, dont l'expertise se limite aux fusées et capsules.

Inversement, les entreprises innovantes comme SpaceX et d'autres auront certainement leur rôle à jouer et contribueront ainsi à la stratégie américaine d'exploration, sans pour autant changer la donne. La NASA reste concrètement maîtresse des choix décisifs, compte tenu de son poids financier. À plus de 10 milliards par an, toutes les entreprises américaines du secteur cherchent à décrocher les contrats – Boeing, Lockheed Martin et Northrop Gumman pour les plus juteux[3].

Chapitre 13

Ultimes obstacles

Protéger les planètes

Ce qu'il est convenu d'appeler « protection planétaire » (ou PP) représente un ensemble de règles de bonne conduite proposé par un comité d'experts du COSPAR (*Committee on Space Research*). Le but est à la fois :

- de ne pas contaminer le corps planétaire par des bactéries terrestres susceptibles de proliférer ;
- de ne pas contaminer en retour la biosphère terrestre avec des bactéries extraterrestres susceptibles de proliférer ;
- enfin, d'éviter tout « faux positif » sur des échantillons contaminés par nos propres bactéries.

Les mesures à prendre dépendent de l'astre considéré (et Mars est l'un des plus exigeants en termes de PP) et des objectifs de la mission (une mission visant à rechercher la vie aura des exigences de PP plus lourdes que les autres).

Ces recommandations du COSPAR ont été progressivement prises en compte par les agences spatiales. Le cas de la mission Viking est à ce titre instructif. Les atterrisseurs devaient rechercher la vie à la surface de Mars, de sorte qu'il a été nécessaire de les stériliser en profondeur. Pour cela, ils ont été placés dans un four et chauffés à 120 °C pendant sept jours. Cette opération n'a été possible qu'en adaptant tous les composants de l'atterrisseur, afin de supporter ces hautes températures. Le surcoût du programme lié à la PP a avoisiné les 30 %, soit plus d'un milliard de dollars d'aujourd'hui.

Les niveaux de stérilité demandés égalent, voire dépassent, les bonnes pratiques en chirurgie. Or ce summum d'exigence va se heurter à la réalité de l'envoi d'humains sur la planète rouge. Les humains ne sont pas stériles et ne peuvent pas être stérilisés ! Les règles de PP telles qu'elles sont quantifiées ne seront pas applicables à l'homme. Donc il va falloir les changer, ce qui n'ira pas sans mal, car il faudra les justifier.

Le processus nécessitera des études démontrant l'absence de prolifération des bactéries terrestres dans l'environnement martien. D'autre part, les règles dites de *backward contamination* (« contamination en retour de la Terre ») devront elles aussi être modifiées. Elles pourront l'être quand des échantillons de Mars seront parvenus sur Terre et que l'on aura démontré leur (probable) innocuité. Si ces deux conditions ne sont pas remplies, les missions habitées sur Mars vont inévitablement soulever des questions dans l'opinion publique comme parmi les scientifiques et les politiques.

Une frange minoritaire de l'opinion américaine a déjà pris parti contre la mission *Mars Sample Return*, estimant que le risque encouru était trop important et que le principe de précaution imposait de s'abstenir. Depuis 1999, le comité ICAMSR (*International Committee Against Mars Sample Return*) fait ainsi du lobbying pour l'abandon de MSR. Même s'il bénéficie de peu de soutien parmi les scientifiques et les agences, il est capable de susciter de l'inquiétude, ce qui pourrait compliquer la tâche de la NASA, appelée à coordonner la révision des règles de PP pour les missions habitées.

Le coût du programme

Tenter de chiffrer le coût du programme est pratiquement mission impossible, tant les inconnues sont nombreuses. Quel sera le schéma retenu ? Quels *pathways* jusqu'à l'homme sur la surface de Mars ? La faisabilité de plusieurs éléments du programme n'est pas certaine. Le MAV en est un exemple, en premier lieu à cause de la complexité de la phase de descente et d'atterrissage, nécessitant peut-être un bouclier thermique gonflable (actuellement à l'étude), mais aussi un véhicule ayant une forme allongée comme la navette spatiale, afin d'augmenter la portance et donc le freinage, et permettant un pilotage afin d'assurer un atterrissage à 100 m près, soit cent fois plus précis que ce qui se fait actuellement.

Plus difficile encore est la production d'ergols sur Mars pour le MAV. Tout reste à faire dans ce domaine ; les inconnues et difficultés technologiques sont nombreuses. Si cette production s'avérait impossible, cela compliquerait encore le MAV en le rendant beaucoup plus lourd, probablement au-delà de la centaine de tonnes[I].

La nécessité de passer par des étapes intermédiaires (LOP-G, orbite martienne, etc.) a pour conséquences d'étaler les dépenses dans le temps, mais aussi d'augmenter le coût total par rapport à un programme direct vers la surface. Les éléments de comparaison sont connus : il s'agit des grands programmes habités américains qu'ont été *Apollo*, la navette spatiale et l'ISS. *Apollo* a coûté environ 150 milliards de dollars d'aujourd'hui sur une période de quinze ans, soit 10 milliards de dollars par an. La navette spatiale 240 milliards de dollars sur quarante-cinq ans (soit plus de 5 milliards de dollars par an). Et l'ISS devrait avoisiner les 150 milliards de dollars sur une trentaine d'années (5 milliards de dollars par an) jusqu'à son arrêt en 2024, voire en 2028, ou au-delà.

Pour Mars, avec le passage par la Lune qui est maintenant acquis, l'entreprise s'étalera sur une durée inégalée, plus de trente ans (et peut-être quarante, ou cinquante), tant les inconnues et les incertitudes demeurent. À ce jour, près de 25 milliards de dollars ont déjà été consacrés au programme, essentiellement dans le développement du lanceur lourd SLS et de la capsule habitée *Orion*. La LOP-G coûtera environ une dizaine de milliards sur dix ans. L'atterrisseur *Artemis*, qui doit déposer un homme et une femme en 2024, est chiffré à une trentaine de milliards.

En définitive, sur trente ans, le programme coûtera environ 300 milliards de dollars mais pourrait se poursuivre sur cinquante ans et en coûter 500. Ce ne sont évidemment que des ordres de grandeur. Ces chiffres sont compatibles avec le budget annuel de la NASA, qui consacre peu ou prou 10 milliards de dollars par an à ce secteur, en supposant que ce budget croîtra lentement de 2 % par an hors inflation. D'où l'absolue nécessité, encore une fois, d'étaler les dépenses dans la durée, avec des choix stratégiques dans les étapes technologiques.

Notons que le premier choix qu'est la LOP-G présente une flexibilité importante, tout en remettant à plus tard les difficultés les plus sérieuses (MAV, énergie et propulsion nucléaire, ISRU, ISPP, etc.), autant de développements nouveaux, alors que le SLS, *Orion*, le module de service, les modules de la LOP-G bénéficient d'un fort héritage (*Saturn V*, capsule et module de service d'*Apollo*, modules de l'ISS). Seul le module de propulsion électrique de forte puissance, le PPE (*Power & Propulsion Element*) est un développement inédit, nécessaire sur le long terme.

Quel calendrier ?

Le calendrier d'un programme dépend de multiples paramètres : son niveau de financement annuel, fonction du bon vouloir du Congrès américain, mais aussi les aléas de développement qui entraînent des surcoûts et du retard, et finalement des tensions avec les financeurs politiques. Ces aléas mettent la NASA en défaut de crédibilité. Elle le vit actuellement avec les retards du SLS – plus de trois ans – et les surcoûts associés.

Le programme est politiquement fort, dans la mesure où il confère aux États-Unis une vision et une stratégie sur le long terme – ce qui n'est pas le cas des Européens, faute de programme autonome dans ce domaine[2]. Les vols habités outre-Atlantique pèsent, on l'a vu, environ 10 milliards par an, une exception qui résulte d'une longue tradition. Ils emploient autour de 40 000 personnes[3], des métiers de haute qualification, essentiellement des ingénieurs et des techniciens œuvrant dans des domaines hyperspécialisés et des technologies avancées. Et nombre de ces technologies sont issues du secteur spatial militaire, pour lequel le budget avoisine les 30 milliards de dollars par an[4].

Le maintien de ce secteur est une volonté forte dans chaque État américain concerné, clé d'un soutien décisif au Congrès et au Sénat et de la présentation des emplois locaux. Par conséquent, l'hypothèse forte retenue ici est que ce secteur sera maintenu à l'avenir. Les soubresauts du programme créeront des évolutions inattendues, mais sans une remise en question radicale de l'ensemble. L'intervention de Trump – qui veut des Américains sur la Lune en 2024 – en est un exemple : il oblige la NASA à s'adapter, tout en conservant une stratégie cohérente et une vision à long terme.

En 2017, le plan prévoyait une première mission habitée vers Mars, limitée à un survol au début des années 2030. Avec l'homme sur la Lune en 2024, ce calendrier est déjà repoussé vers le milieu de cette décennie, à condition que le « passage » par la Lune ne prenne pas trop d'ampleur. Si l'eau lunaire s'avère une ressource exploitable, les efforts à déployer seront importants et retarderont d'autant la transition vers Mars pour la décennie suivante.

Ensuite, l'étape martienne proprement dite durera typiquement deux à trois décennies, entre les missions de survol, celles en orbite et les séjours à la surface. L'étape d'une mission à court séjour sur Mars est critique, dans la mesure où le dimensionnement des réservoirs pour la propulsion sera maximal. La différence de Delta-V (qui conditionne la taille des réservoirs de carburant) entre une mission en orbite en séjour long et une mission de courte durée à la surface est de 15 km/s[5], ce qui est considérable.

Quant aux retards, ils proviendront d'aléas sur les développements les plus critiques – je pense notamment à la propulsion nucléaire, très attractive sur le papier mais qui soulève des questions de faisabilité. Le MAV alimenté ou non par du carburant extrait des ressources martiennes est également critique pour l'atterrissage des hommes. Soit une infrastructure pour l'extraction des ressources et la synthèse de carburant est mise en œuvre, ce qui prendra une à deux décennies, soit le MAV devra être gigantesque et lourd pour assurer sa mission. Le rapport de 2014 annonçait une durée minimale de vingt-cinq ans jusqu'à son utilisation opérationnelle, soit 2040, mais, depuis cinq ans, peu d'études ont été conduites dans ce domaine, hormis de la recherche sur des briques technologiques en laboratoire – mais aucun démonstrateur n'est encore en vue.

Pour conclure, la première mission vers Mars pourra effectivement avoir lieu dans les années 2030, mais l'intégralité du programme s'étalera au-delà du milieu de ce siècle, s'il n'est pas remis en question. C'est toujours possible, mais finalement peu probable, faute d'alternative attractive.

Conclusion

L'objectif évident, après la Lune, est pour les États-Unis d'envoyer des hommes sur Mars. À bien y réfléchir, Wernher von Braun l'avait anticipé dès 1952 avec son livre *Das Marsprojekt*. Pourquoi ? Tout simplement parce que les destinations possibles se limitent à Mars et quelques astéroïdes proches. Or ces derniers n'ont pas l'attractivité géographique, géologique et biologique de la planète rouge de par son étendue, sa diversité et son histoire, en lien possible avec la vie extraterrestre. Rappelons que Mars est l'endroit de l'Univers le plus facilement accessible mécaniquement, où l'émergence du vivant est (a été) possible.

Le programme est-il *affordable*, autrement dit finançable ? Assurément oui. La NASA consacre 100 milliards de dollars sur une décennie pour ce type de programme. Le maintien de ce secteur très spécifique, qui est orienté vers le long terme et qui donne au pays une suprématie cruciale, est jugé stratégique par le politique. Depuis un demi-siècle, aucun président des États-Unis n'a réellement renoncé aux vols habités, alors même que ce secteur est hypertrophié aux États-Unis, en comparaison des autres acteurs des vols habités que sont l'Europe, la Russie, la Chine et l'Inde. En termes budgétaires, plus de 70 % de l'exploration habitée mondiale est américaine, même si la Chine est en forte croissance[I] depuis une décennie. Donc, les États-Unis ont les capacités financières et la volonté politique d'aller très loin dans ce domaine.

Par ailleurs, le savoir-faire, la technicité et la méthodologie accumulés dans le management des grands programmes précédents (*Apollo*, navette, ISS) leur donnent une confiance sans égale pour mener ce nouveau défi.

Le passé a montré que nos voisins sont également coutumiers d'arrêts ou de revirements brutaux dans la gestion de leur programme (abandon d'*Apollo 18*, *19* et *20*, discours de G.W. Bush de 1989 non suivi d'effets, abandon de *Constellation*, abandon de ARM, etc.), soit par la Maison Blanche, soit par le Congrès, soit suite à un désaccord entre l'exécutif et le législatif. Toutefois, depuis un demi-siècle, aucun président n'a réellement annoncé l'abandon de l'objectif à long terme. Il faut comprendre que sa raison d'être est sa projection dans le futur, avec une vision sur le très long terme. Aujourd'hui, les vols de six mois dans l'ISS se justifient pour préparer les vols lointains de six mois vers Mars et qui, *in fine*, tourneront autour du Soleil en un an et demi, aller-retour. Bref, la vision à long terme est vitale pour le programme.

Les États-Unis sont incontestablement leaders dans ce domaine, sans réelle concurrence actuellement dans le monde. Cela explique les choix majeurs effectués depuis longtemps… et leurs erreurs. La justification de la navette spatiale était sa réutilisabilité devenue incontournable et synonyme de modernité après *Apollo*. La navette devait voler vingt fois par an, réduisant d'autant ses coûts d'exploitation[2]. Le bilan réel fut autre, avec une fréquence de quatre à cinq fois par an et un coût de lancement de 1,5 milliard, nullement compétitif par rapport aux lanceurs classiques. Or un véhicule similaire à la navette sera nécessaire pour atterrir sur Mars, avec les difficultés techniques aujourd'hui connues, mais non résolues pour autant.

Une raison politique de la stabilité de ce programme d'exploration est précisément la crainte de la perte du leadership, avec la montée en puissance de la Chine dans ce secteur. On observe une compétition avec un concurrent parti très tard, mais qui pousse le leader à maintenir le cap. Cette tendance va perdurer, tant les deux pays sont incapables de coopérer pour un objectif commun, comme nous l'avons montré.

Une difficulté technologique pourrait-elle arrêter le programme ? C'est possible, tant elles sont nombreuses et à l'issue incertaine. Citons-en quelques-unes :

- le nucléaire spatial, pour la propulsion et surtout pour l'énergie sur Mars (indispensable), dont la sécurité au lancement devra être garantie ;
- le véhicule d'atterrissage martien, de type Navette ou avec un bouclier aérothermodynamique gonflable ;
- plus encore le MAV, qui est lui-même un atterrisseur, mais avec les étages de remontée ;
- la production d'ergols sur Mars, qui conditionne la masse du MAV, etc.

Toutes ces technologies se traduisent par des développements nouveaux qui constituent autant de *showstoppers* (« obstacles ») pour le programme, c'est-à-dire que leur réalisation conditionne celle de l'ensemble, ainsi que le calendrier et le coût. Aucun n'est actuellement considéré comme infaisable, mais certaines solutions ne sont pas encore identifiées. Donc, des aléas technologiques sont probables, qui sèmeront d'embûches le déroulement du programme.

Des hommes seront-ils envoyés vers Mars ?

C'est (presque) certain, car les réalisations à accomplir sont relativement faciles, essentiellement le véhicule de transport habité. Les dates avancées sont dans une décennie. Dans un premier temps, ce ne sera pas un séjour long en orbite, mais un simple survol.

Iront-ils à la surface de Mars ?

Probablement oui, car c'est le but affiché dès l'origine. Encore une fois, l'objectif est conditionné par le développement du MAV et son corollaire, la production d'ergols à partir des ressources martiennes. Or tout reste à faire dans ce domaine. Aucune quantification de l'eau dans le premier mètre du sous-sol n'a été faite. Aucune démonstration de son extraction n'a encore été tentée. Les options sont sur la table, mais des choix majeurs vont devoir être effectués : le type de site hydraté (argileux, sulfatés, glaciers enterrés[3], etc.), la technique d'extraction, etc.

La version la plus simple pour poser le pied sur Mars consistera à mettre en orbite une petite station spatiale et à effectuer de courts séjours depuis l'orbite ne nécessitant aucune installation préalable à l'arrivée des équipages (comme pour *Apollo*, en somme). Ce type de mission signifie que les hommes ne retourneront pas forcément sur le même site, mais pourront explorer une région différente à chaque aller-retour depuis l'orbite. Il faudra néanmoins refaire le plein d'ergols pour le MAV, supposé réutilisable, et pour chaque mission ajouter l'étage de descente qui aura été abandonné à la surface. On voit que la réutilisabilité du MAV est une contrainte forte dans le dimensionnement d'ensemble. La version minimale consistera à effectuer un unique séjour de quelques jours à la surface.

Y resteront-ils cinq cents jours ?

La mission longue que tout le monde a en tête est assurément la plus ambitieuse. Elle nécessite la mise à poste d'une véritable base martienne, constituée de modules d'habitation, de transports, de modules pour la pousse de fruits et légumes, d'une centrale électrique, d'un centre de communication avec la Terre, et pour finir d'une implantation d'extraction de l'eau et de synthèse de ressources nécessaires à l'équipage (H_2O, O_2, N_2, H_2) et de production d'ergols (CH_4, O_2). Ouf !

En un mot, il n'est pas certain que ce but soit un jour atteint. L'objectif politique ayant été satisfait par les séjours courts, les séjours longs n'ont plus qu'une finalité scientifique. Le risque est que les difficultés et les coûts incitent les financeurs à limiter le programme à son objectif politique.

Une remise en question est-elle possible ?

L'expérience a montré que c'est souvent le cas aux États-Unis. On peut imaginer un basculement du programme vers la réalisation d'une véritable base lunaire, probablement au pôle Sud, ce qui prendrait certainement deux décennies et repousserait les missions vers Mars au-delà d'un horizon prédictible.

À l'exception d'*Apollo*, les grands programmes habités ont une existence qui perdure sur trois décennies. Ce programme martien s'inscrit certainement dans cette temporalité. Même si le programme lunaire en cours de développement s'éternise autour et sur notre satellite naturel, la vision de l'homme sur Mars demeurera. En effet, le jour où elle sera abandonnée, c'est l'ensemble du programme habité américain qui s'effondrera. Hypothèse qu'aucun homme politique aux États-Unis ne voudrait porter sur ses frêles épaules.

NOTES

Introduction

1. J'utiliserai souvent l'expression « l'homme sur Mars » dans cet ouvrage. C'est par souci de simplification, cela ne veut pas dire que des femmes ne seront pas présentes dans cette aventure.

1. La vie sur Mars : quoi de neuf ?

1. Même si, en réalité, la calotte saisonnière est principalement constituée d'une fine couche de glace carbonique (CO_2), la calotte pérenne sous-jacente, découverte bien plus tard, est bien constituée d'eau gelée mélangée à des poussières.

2. La masse actuelle de la ceinture principale représente à peine 4 % de la masse de la Lune.

3. Les interactions gravitationnelles de Jupiter sur les astéroïdes ont pour effet d'augmenter l'ellipticité de leur orbite ou excentricité.

4. Les points de Lagrange d'un système binaire (Soleil-planète) sont des lieux de l'espace où un corps de faible masse resterait immobile par rapport aux deux autres. Les points L4 et L5 sont généralement stables : ceux de Jupiter contiennent de l'ordre de 5 000 objets, alors que ceux de Neptune n'en contiennent que huit.

5. Ce critère d'habitabilité de Mars a été revu avec *Curiosity* qui, après avoir foré dans des roches, a trouvé un milieu jugé habitable, notamment car peu oxydant.

6. La rumination des vaches produit du méthane.

7. Le lac serait à –67 °C. À cette température, les réactions chimiques sont très lentes.

8. En chimie, quand le carbone se transforme en CO_2, qui est une molécule très solide, il est extrêmement difficile de le réduire, sauf à haute température.

9. Deux méthodes sont généralement utilisées pour identifier les molécules : la spectrométrie de masse, qui pèse l'espèce, et la chromatographie (en phase gazeuse ou liquide). Cette dernière sépare les molécules selon d'autres critères qui s'avèrent complémentaires de la seule mesure de la masse. La combinaison des deux techniques permet d'identifier deux molécules qui auraient la même masse, comme CO et N_2.

10. Uma – unité de masse atomique. Par définition, une mole ($6{,}02.10^{23}$ atomes) d'atomes de l'isotope 12 du carbone (^{12}C) pèse exactement 12 g. On dit que le ^{12}C a une masse de 12 uma.

11. Pico = 10^{-12}.

12. Sur Terre, les GCR sont largement dispersés par la magnétosphère ou bloqués par l'atmosphère et

ses particules en suspension. Il n'en est pas de même sur Mars – et pour les pilotes de ligne, qui reçoivent des doses significatives de GCR au cours de leurs vols à 10 000 m d'altitude.

13. Rosalind Franklin est une physico-chimiste britannique, pionnière de la biologie moléculaire. Elle a participé de manière déterminante à la découverte de la structure de l'acide désoxyribonucléique (ADN).

14. Le rapport $^{12}C/^{13}C$ est supérieur à 93 pour le vivant et est inférieur pour les molécules abiotiques.

15. Deux molécules sont dites chirales si elles ont la même formule chimique, mais ne sont pas superposables dans un miroir (comme les mains droite et gauche). Le vivant a tendance à favoriser une forme chirale, droite (R) ou gauche (L), au détriment de l'autre, mais pas le minéral. Les acides aminés « naturels » qui constituent les êtres vivants sont tous L alors que, lorsqu'ils sont le fruit d'une synthèse au laboratoire (expérience de Miller par exemple), on obtient un mélange 50/50 des formes L et D.

16. À la suite de difficultés de développement, la mission *ExoMars* a été récemment reportée à 2022.

17. La mesure du flux de chaleur quantifie la vitesse à laquelle la planète se refroidit, ce qui permet d'estimer la quantité d'éléments radioactifs existant à l'intérieur de Mars. Cela nécessite de pénétrer dans le sol afin de s'affranchir des cycles diurnes et saisonniers.

2. Le retour d'échantillons martiens

1. Le Skycrane est constitué d'un module de propulsion situé au-dessus du rover. Après la phase de descente sous parachute, celui-ci est largué et la propulsion est allumée à une cinquantaine de mètres du sol. Le rover est stabilisé à 10 m du sol et descendu à l'aide de câbles pour être déposé en douceur.

2. Il est prévu qu'un hélicoptère attrape le parachute de la capsule à l'aide d'un crochet, avant même que celui-ci touche le sol, afin d'éviter toute contamination du point d'atterrissage.

3. Soit deux à quatre fois le budget de *Curiosity*.

3. Les études de référence

1. Hors les deux études mentionnées ici, les nombreux chiffres donnés dans cet ouvrage proviennent de sources très diverses non citées. Il faut les voir comme des ordres de grandeur à la fin de l'année 2019, ces chiffres pouvant évoluer au fur et à mesure de l'avancement des études techniques.

2. Émanation de l'Académie des sciences américaine, le NRC (*National Research Council*) est un organisme gouvernemental chargé de réaliser des enquêtes et des rapports afin de conseiller le gouvernement dans le domaine de la recherche et de la technologie.

3. À l'inverse du programme *Apollo*, que la NASA a réalisé en moins de dix ans, en développant tous les

modules en parallèle : *Saturn V*, le module de commande, le LM (atterrisseur lunaire), le rover, etc.

4. Mais pourquoi envoyer des hommes sur Mars ?

1. Pour *Apollo*, les chiffres de 400 000 emplois et 20 000 sous-traitants sont souvent cités. La fin du programme a provoqué le licenciement brutal de plusieurs dizaines de milliers de personnes. Nombre des licenciés ont été employés dans l'informatique naissante, ce qui a notamment abouti à la création du mastodonte que fut IBM.

5. Comment aller sur Mars ?

1. Walter Hohmann, scientifique allemand, a publié ses travaux sur les trajectoires interplanétaires en 1925. Les transferts de Hohmann sont les trajectoires qui minimisent l'énergie – et donc la masse – pour aller d'un corps planétaire à un autre.

6. Les missions possibles vers Mars

1. Entre juin 2010 et novembre 2011, le projet *Mars500* (Roscosmo-ESA) avait simulé une mission

martienne. L'équipage était constitué d'un Français (Romain Charles), un Italien, un Chinois et trois Russes. Cette simulation prévoyait un séjour de vingt jours sur Mars. L'« étape » martienne consistait à ouvrir la porte d'un module, l'équipage se retrouvant sur un sol de sable rouge. Cette partie minimaliste de la mission n'est en rien représentative de la réalité, l'accent étant surtout mis sur la croisière aller-retour.

2. Une fenêtre de retour existe qui permet d'arriver en 2028, mais la JAXA a préféré se donner plus de temps pour étudier Phobos.

3. En réalité, entre quatre cent quatre-vingts et cinq cent soixante-dix jours d'un créneau à l'autre.

7. Le reste à faire

1. Initialement annoncé pour 2017, le premier vol sans équipage du SLS est aujourd'hui prévu vers la Lune pour le printemps 2021, le premier vol habité étant annoncé pour fin 2022.

2. Pour l'insertion en orbite martienne d'un module, la technique de l'aérocapture permet un gain de masse notable au prix d'une complexité accrue. Elle consiste à exploiter l'atmosphère de la planète pour se freiner et ainsi s'insérer en orbite.

3. Même si l'option nucléo-électrique est à l'étude depuis l'été 2019.

4. Il existe plusieurs techniques pour la propulsion électrique ; les plus couramment utilisées sont l'effet Hall

et le moteur ionique à grille. Tous deux ont recours à un champ électrostatique pour accélérer les ions.

5. Les moteurs électriques de la mission *BepiColombo* en route vers Mercure ont une puissance variable de 2,5 à 4,6 kW.

6. La capacité de propulsion d'un moteur se mesure en différence de vitesse (ou Delta-V), la variation de vitesse que le moteur peut induire dans l'espace sur le véhicule supposé animé d'une vitesse quelconque.

7. 1 newton représente une force de 1 kg.m/s^2, soit l'équivalent d'un poids de 102 g.

8. Les principaux défis

1. Le régime d'écoulement hypersonique est atteint lorsque des réactions de dissociation moléculaire sont présentes au sein du gaz en écoulement : ce dernier peut être localement si chaud qu'un plasma se crée. Les propriétés habituelles de l'écoulement (couche limite, turbulence) sont alors souvent modifiées.

2. 1 g est l'accélération subie sur Terre, soit 9,81 m/s^2. À 10 g, le poids de l'astronaute est dix fois plus grand.

3. Le bouclier de *Curiosity* était très légèrement excentré. Par rotation autour de l'axe de la vitesse, on obtient un déport latéral ou vertical. Le freinage dans l'atmosphère est ainsi amélioré par rapport à une descente balistique. Cela permet également

de compenser un vent latéral et, en définitive, la précision d'atterrissage est accrue. À l'avenir, cette précision peut être encore améliorée en ouvrant le parachute à un instant et donc en un lieu précis, et non, comme actuellement, quand une vitesse limite est atteinte. Ces techniques, combinées avec une balise au sol, conduisent à des précisions très inférieures au kilomètre, mais au prix d'une grande complexité.

4. Multiplier les étages pour un véhicule spatial est un moyen efficace d'augmenter la performance ultime, à masse au décollage égale. Dès qu'un étage a terminé sa propulsion, il est largué, car il devient une masse inerte inutile. En pratique, une fusée à trois étages envoie vers Mars ou la Lune une charge utile qui représente moins de 1 % de sa masse au décollage. Une fusée mono-étage ne le permettrait pas.

5. Les ions du rayonnement galactique possédant une énergie dans le domaine du GeV (10^9 eV) nécessitent un blindage de 1 m d'épaisseur, ce qui est rédhibitoire en termes de masse.

6. Recommandation du *National Council on Radiation Protection and Measurements* (NCRPM).

7. Un séjour dans l'espace expose aux radiations, de même que les pilotes de ligne sont exposés à des doses de radiation supérieures à celles reçues naturellement sur Terre.

8. Le NCRPM indique une dose maximale recommandée pour un équipage de 55 ans de 3 sieverts pour un homme et 1,7 sievert pour une femme. Pour un équipage de 45 ans, ces limites sont abaissées à 1,5 et 0,9 respectivement.

9. C'est pour cette raison que la NASA avait spécifié que la mission habitée vers un astéroïde qui était à l'étude pour 2025 devait être réalisée en six mois aller-retour maximum. Or le nombre d'astéroïdes accessibles avec cette limite de durée de voyage est extrêmement réduit. Les missions scientifiques de retour d'échantillons d'un astéroïde comme *Hayabusa-2* (JAXA) ou *Osiris Rex* (NASA) ont une durée aller et retour de deux mille et deux mille cinq cents jours.

10. Il existe un précédent : lors de la catastrophe de Fukushima, le gouvernement a décidé de relever le seuil de radiations nécessitant l'évacuation des populations, pour des raisons pratiques et économiques évidentes !

11. La force de Coriolis est une force inertielle agissant perpendiculairement à la direction du mouvement d'un corps en déplacement dans un milieu lui-même en rotation uniforme. C'est cette force qui fait tourner les dépressions de l'hémisphère Sud dans le sens des aiguilles d'une montre et celles de l'hémisphère Nord dans le sens inverse.

9. Les ressources

1. Le rapport DRM 5.0 de la NASA cite trois procédés possibles pour transformer le CO_2 en O_2 : l'électrolyse à oxyde solide du CO_2, la conversion de Sabatier du CO_2 en CH_4 et H_2O (qui peut être électrolysée), et la réaction du gaz à l'eau inverse qui

nécessite de l'hydrogène et produit CO et H_2O, l'eau pouvant être ensuite électrolysée.

2. Sachant que celui-ci est également un atterrisseur, qui devra se poser avec des ergols apportés de la Terre ou via l'ISPP réalisée sur la Lune.

3. Le couple oxygène et hydrogène liquide est plus performant, mais les contraintes thermiques les rendent impossibles à obtenir par ISPP, notamment à cause du stockage sur Mars, qui nécessite des températures extrêmement basses.

4. Certains projets envisagent la mise en place de grands miroirs disposés au bord du cratère, afin d'éclairer la zone d'extraction plongée dans la nuit glaciale.

5. Un astéroïde géocroiseur est un astéroïde dont l'orbite passe à 1 UA du Soleil, c'est-à-dire au niveau de celle de la Terre. Cette particularité les rend potentiellement dangereux, avec un risque de collision terrestre, mais ce sont également ceux qui sont les plus faciles à atteindre sur le plan énergétique.

6. La masse à injecter en orbite basse terrestre (*initial mass in low Earth orbit*) est un paramètre pertinent pour comparer différents concepts quelle que soit la destination finale.

7. L'imprimante 3D s'apparente à un bras robotique similaire à ceux qu'on utilise dans l'industrie automobile.

8. Les missions *Surveyor 5*, *6* et *7*, qui se sont posées sur la Lune dans les années 1960, ont mis en évidence la présence de poussières en lévitation au-dessus de la surface. Ce phénomène serait dû aux rayons UV et aux ions du vent solaire qui chargent électrostatiquement les grains de poussière. Ceux-ci

pourraient alors se retrouver en lévitation, baignant dans un champ électrique avec des charges négatives qui se repoussent.

11. Un projet par étapes

1. En dollars d'aujourd'hui.

2. Comme le furent les missions *Apollo 7* à *10*.

3. À l'inverse du programme lunaire russe, qui a pris une décennie de retard. La crédibilité des annonces de l'agence spatiale Roscosmos est douteuse, faute de financement pérenne.

12. De nouveaux partenariats public-privé

1. C'est en quelque sorte ce que la NASA a fait avec SpaceX pour la réalisation du *Falcon 9*, qui n'aurait pas pu être financé entièrement sur fonds propres.

2. *Super Heavy* est le premier étage équipé de 31 moteurs *Raptor*. *Starship* est le second, avec 7 moteurs identiques. L'utilisation d'un même moteur assure une importante réduction de coût, au prix d'une moindre optimisation du lanceur et donc de performance, à énergie dépensée égale.

3. Rappelons que le spatial américain (civil à 40 % et militaire à 60 %) représente plus de 70 % de l'activité spatiale mondiale.

13. Ultimes obstacles

1. Une fusée (le MAV en est une) est typiquement constituée de 80-90 % d'ergols et 10-20 % de structure (réservoirs et moteurs). *Ariane 40* comporte 88 % d'ergols et 12 % de structure.

2. À l'inverse d'autres programmes où l'Europe est indépendante : science, géolocalisation avec *Galileo*, observation de la Terre, etc.

3. Le secteur spatial américain emploie environ 80 000 personnes, selon une source de l'OCDE de 2017. On peut supposer que la moitié concerne l'exploration habitée.

4. En 2010, le budget spatial civil et militaire américain représentait près des trois quarts du budget spatial mondial. Cette part a dû légèrement baisser avec la montée en puissance de la Chine depuis une décennie.

5. Soit deux fois l'énergie à dépenser pour atteindre l'ISS.

Conclusion

1. Le budget spatial chinois n'est pas très transparent. Les organismes impliqués sont nombreux, à la fois civils et militaires, et ne sont pas dédiés à 100 % à ce secteur. On estime néanmoins que près de 200 000 personnes travaillent dans le spatial en Chine, alors que le budget représenterait seulement 17 % du budget américain.

2. C'est le même argument mis en avant aujourd'hui par Elon Musk pour son BFR.

3. Le projet de budget de 2021 pour la NASA prévoit, outre le financement de MSR, l'envoi d'un *Mars Ice Mapper* en coopération avec le Canada, dont la mission sera de cartographier à l'aide d'un radar les régions pourvues de glaciers enterrés et de mesurer leur profondeur.

Acronymes et missions

ARM : *Asteriod Redirect Mission* (aussi appelée *Asteroid Retrieval & Utilization*). Proposée par la NASA en 2013, cette mission visait à récupérer un rocher sur un astéroïde en orbite lunaire, afin qu'il soit analysé par des astronautes. Elle a été annulée en 2017, mais le système de propulsion électrique de forte puissance PPE en est un héritage.

Artemis : programme de la NASA, lancé en 2017, qui vise à envoyer un équipage sur la Lune en 2024

BFR : *Big Falcon Rocket*

Constellation : programme de la NASA, étudié entre 2005 et 2010, qui visait à envoyer un équipage sur la Lune (en orbite et en surface). Il était basé sur deux lanceurs : *Ares I* pour l'équipage, et *Ares V*, qui peut injecter vers la Lune 70 t de fret. Barack Obama annula le programme début 2010 mais maintint les développements de la capsule *Orion* et du lanceur lourd qui devint le SLS.

DAV : *Descent & Ascent Vehicle* (identique au MAV pour la remontée)

DSG : *Deep Space Gateway* (première appellation de la LOP-G)

EMC : éjection de masse coronale

ISPP : *In Situ Propellant Production*

ISRU : *In Situ Resource Utilization*

ISS : Station spatiale internationale

ITER : *International Thermonuclear Experimental Reactor*

LCROSS : *Lunar CRater Observation & Sensing Satellite*

LM : *Lunar Module* d'*Apollo*

LOP-G : *Lunar Orbital Platform-Gateway*

MAV : *Mars Ascent Vehicle*

MRO : *Mars Reconnaissance Orbiter*

MSR : *Mars Sample Return*

MTV : *Mars Transfer Vehicle*

NCRPM : *National Council on Radiation Protection and Measurements* (organisme américain chargé de définir les normes de niveau de radiations pour l'industrie du nucléaire)

NEP : *Nuclear Electric Propulsion*

NRC : *National Research Council*

NRHO : *Near Rectilinear Halo Orbit*

Orion : nouveau véhicule de transport d'équipage de la NASA, qui pèse 10,4 t et peut emporter jusqu'à six personnes. Son premier lancement habité est prévu lors de la mission *Artemis 2*, fin 2022.

PPE : *Power & Propulsion Element*

SLS : *Space Launch System*

TGO : *Trace Gas Orbiter*

Bibliographie

Traités et principes des Nations unies relatifs à l'espace extra-atmosphérique, 1967 (www.unoosa.org/pdf/publications/STSPACE11F.pdf).

Accord régissant les activités des États sur la Lune et les autres corps célestes, 1979 (https://treaties.un.org/Pages/ViewDetails.aspx?src=IND&mtdsg_no=XXIV-2&chapter=24&lang=fr).

Human Exploration of Mars – Design Reference Architecture 5.0, NASA-SP-2009-566, juillet 2009 (www.nasa.gov/pdf/373665main_NASA-SP-2009-566.pdf).

Pathways to Exploration – Rationales and Approaches for a U.S. Program of Human Space Exploration, National Research Council, juin 2014 (www.nap.edu/catalog/18801/pathways-to-exploration-rationales-and-approaches-for-a-us-program).

NASA's Journey to Mars, Pioneering Next Steps in Space Exploration, octobre 2015 (www.nasa.gov/sites/default/files/atoms/files/journey-to-mars-next-steps-20151008_508.pdf).

Mars Water In-Situ Resource Utilization (ISRU) Planning (M-WIP) Study, Abbud-Madrid *et al.*, 22 avril 2016 (https://mepag.jpl.nasa.gov/reports.cfm?expand=smd).

National Space Exploration Campaign Report, septembre 2018 (www.nasa.gov/sites/default/files/atoms/files/nationalspaceexplorationcampaign.pdf).

Crédits

La couleur des images reproduites dans l'ouvrage a été modifiée d'après des images : p. 20 © NASA / JPL / Malin Space Science Systems ; p. 23 © ESA/DLR/FU Berlin (G. Neukum), CC BY-SA 3.0 IGO ; p. 26 © ESA / CNES / CNRS / IAS /Université Paris-Sud, Orsay ; NASA / JPL / JHUAPL ; Background image : NASA MOLA. ; p. 43 © NASA / JPL-Caltech / MSSS / JHU-APL ; p. 83 © Lockheed Martin ; p. 103 © TransAstra Corporation (www.transastracorp.com) ; p. 105 Extrait de « ORBIT MAINTENANCE AND NAVIGATION OF HUMAN SPACECRAFT AT CISLUNAR NEAR RECTILINEAR HALO ORBITS » par Davis, Diane & Bhatt, Sagar & Howell, Kathleen & Jang, Jiann-Woei (Jimmy) & Whitley, Ryan & Clark, Fred & Guzzetti, Davide & Zimovan, Emily & Barton, Gregg (2017) ; p. 126 © NASA / ESA.

Plat II de couverture : © NASA/GSFC/JPL-Caltech/ USGS.

Plat III de couverture et infographies p. 17, 43, 48-49, 66 : Thomas Haessig © Flammarion, 2020.

Table

NORD COMPO
multimédia

Composition et mise en pages
Nord Compo à Villeneuve-d'Ascq

Cet ouvrage a été achevé d'imprimer en mai 2020
dans les ateliers de Normandie Roto Impression s.a.s.
61250 Lonrai
N° d'édition : L.01EHBN001010.N001
Dépôt légal : juin 2020
N° d'impression : 2000724

Imprimé en France